LA PHYSIQUE QUANTIQUE

Guy Louis-Gavet

LA PHYSIQUE QUANTIQUE

Troisième tirage 2014

EYROLLES

Éditions Eyrolles
61, bd Saint-Germain
75240 Paris Cedex 05
www.editions-eyrolles.com

Cet ouvrage a fait l'objet d'un reconditionnement à l'occasion du troisième tirage
(nouvelle couverture et nouvelle maquette intérieure).
Le texte reste inchangé par rapport au tirage précédent.

Mise en pages : Istria
Illustration : Hung Ho Thanh

SOMMAIRE

*À tous ceux qui veulent comprendre le monde moderne
dans lequel nous vivons.*

*Et, plus particulièrement :
à ma famille,
à Grégoire et Alexia nés en ce début de XXIe siècle.*

PRÉAMBULE

Un monde à trois facettes

Selon les instruments de mesure actuels, le monde qui nous entoure s'étend de l'infiniment grand (planètes, étoiles, galaxies) à l'infiniment petit (les particules, composants ultimes de la matière). Coincé entre ces deux extrêmes : le monde familier que nous pouvons voir, appréhender, manipuler, mesurer…

Les scientifiques ont donné des noms à ces trois facettes :

* le monde céleste s'appelle **l'univers**, né avec le fameux Big Bang il y a 13,7 milliards d'années,
* le monde **macroscopique** est celui de notre quotidien,
* le monde **microscopique** est celui de l'infiniment petit, qui échappe totalement à nos sens, s'étendant du milliardième de mètre (10^{-9}) au milliardième de milliardième de mètre (10^{-18}).

Actuellement, dans l'attente d'une théorie physique unique (« théorie du Tout »), ces trois mondes paraissent homogènes au niveau des lois scientifiques. Pourtant, individuellement, ils sont décrits par des lois physiques et des concepts mathématiques distincts qui permettent aux scientifiques de les expliquer de façon quasi indépendante.

À la fin du XIXe siècle…

À cette époque, les lois de la physique dite *classique* expliquent la majorité des phénomènes terrestres. Cette physique, bâtie durant des millénaires par des générations de savants renommés, selon des expériences de plus en plus sophistiquées, est dûment confirmée par des concepts et des outils mathématiques parfaitement maîtrisés. Elle comporte trois grands courants qui expliquent parfaitement l'ensemble des phénomènes perçus sur Terre et dans son environnement proche. Le premier concerne l'étude des corps en mouvement et celle des forces qui en sont à l'origine. Le deuxième englobe tous les phénomènes ondulatoires auxquels sont théoriquement assujettis l'électricité, le son, la lumière… Le troisième, initié par la célèbre machine à vapeur, implique tous les phénomènes physiques liés à la chaleur, d'où son nom de « thermodynamique » (littéralement : « chaleur en mouvement »).

La physique classique s'appuie essentiellement sur deux piliers : d'une part la théorie de **Newton** sur la gravitation (créée en 1687), qui a permis de calculer les différentes trajectoires des planètes les plus proches de la Terre ; d'autre part celle de **James Clerk Maxwell** (créée en 1865) sur l'électromagnétisme, unifiant le magnétisme et l'électricité.

En 1900, cette physique semble tellement solide qu'aucun scientifique ne songe à la remettre en cause. Comble de l'ironie, la communauté scientifique déplore même qu'il n'y ait plus de théories à découvrir : tout nouveau phénomène est parfaitement expliqué par la physique classique, sûre d'elle et de son déterminisme. Pourtant, des faits étranges apparaissent peu à peu.

Les savants s'aperçoivent que la trajectoire de la planète Mercure n'est pas tout à fait conforme à la loi de Newton et que, sur Terre, il se passe des choses très étranges ; ainsi, la vitesse de la lumière, que tout le monde croyait instantanée, semble être limitée. Encore plus extraordinaire, certaines expériences démontrent que l'on ne peut pas la dépasser, aussi n'aime-t-elle pas être additionnée à une autre vitesse. Exemple très moderne : si, dans un TGV qui roule à la vitesse c de la lumière, vous vous déplacez dans le sens de sa marche à une vitesse v, votre vitesse réelle ne sera jamais égale à *(v+c)*, mais restera toujours égale à c.

Autre constatation surprenante, certains indices montrent que la lumière se propage parfois non pas d'une façon continue, comme une onde, mais discontinue, par petits paquets.

Par ailleurs, les savants découvrent, grâce à des outils d'observation plus modernes, des phénomènes inexplicables impliquant de petites particules microscopiques, non perceptibles à nos sens, se déplaçant à une très grande vitesse sur des distances très petites. Ainsi, si les lois de la physique classique expliquent les phénomènes du monde macroscopique où interagissent des corps dotés d'une masse conséquente, elles sont incapables d'expliquer certains phénomènes de l'infiniment petit (phénomènes photoélectriques, électromagnétiques…). D'autant plus que, très souvent, ces phénomènes se produisent à la vitesse de la lumière. Il faut bien l'avouer : à la fin du XIXe siècle, tous ces phénomènes incongrus apparaissent comme autant de non-sens scientifiques. Si ces quelques petites « fissures » de la physique classique semblent alors bien anodines, quelques années plus tard, plusieurs savants vont se faire un plaisir de les transformer en failles énormes lorsqu'ils comprendront ce qu'elles cachent. Ce sera le cas de **Planck**, d'**Einstein** et de **Bohr**, persuadés qu'il faut découvrir d'autres lois scientifiques. Ils mettront cela en œuvre dès le début du XXe siècle, avec deux nouvelles théories physiques révolutionnaires.

L'une, initiée par Planck, est la physique quantique, l'objet de cet ouvrage ; l'autre, conçue par Einstein, est la physique relativiste, bâtie sur deux théories différentes mais complémentaires : la relativité restreinte et la relativité générale.

Donnons-en ici un bref rappel. Dans sa théorie sur la relativité restreinte, s'appuyant largement sur les travaux du savant français **Henri Poincaré**, Einstein montre que le temps et l'espace, suivant la position de l'observateur, ne sont pas identiques mais relatifs. Cette théorie généralise celle de Maxwell et sera à l'origine d'une nouvelle énergie, appelée plus tard nucléaire, induite par la très célèbre formule $E = mc^2$.

La théorie d'Einstein sur la relativité générale, une théorie relativiste de la gravitation, remplace celle de Newton en démontrant que l'origine de la gravitation n'est pas liée aux forces d'attraction qui attireraient les astres entre eux, mais à la structure même de l'espace, qui se déforme sous l'effet de la masse des planètes et des étoiles.

En faisant le pari, audacieux pour l'époque, que la matière est constituée d'atomes et que certains phénomènes physiques, inconcevables pour la physique classique, doivent être expliqués par de nouveaux concepts, Max Planck partagera avec Albert Einstein et Niels Bohr la paternité de la troublante physique quantique, qui expliquera le comportement des particules dans le monde microscopique de l'infiniment petit.

C'est ce que nous vous proposons de découvrir dans cet ouvrage à travers l'extraordinaire odyssée scientifique qui, au fil du XXe siècle, mènera à la naissance de cette nouvelle théorie physique qui se substituera progressivement à la physique classique.

L'élaboration de la physique quantique

Pour rendre évidente la montée en puissance de la physique quantique au cours du XXe siècle, nous suivrons l'ordre chronologique des différentes découvertes effectuées par une poignée de savants visionnaires.

Première période (1900-1921)

Tout d'abord, nous nous intéresserons aux intuitions révolutionnaires des pères fondateurs qui permirent de porter sur les fonts baptismaux la physique quantique :

- **Planck, en 1900**, démontre que les échanges entre la matière et l'énergie qu'elle génère ne s'effectuent pas d'une façon continue, comme le prévoit la physique classique, mais discontinue, par petits paquets appelés « quanta d'énergie ».

- **Einstein, en 1905,** grâce au mouvement brownien, démontre que la matière, à son niveau microscopique, est faite d'atomes. Cette même année, en émettant l'hypothèse que la lumière est elle-même composée de quanta de lumière (appelés plus tard photons), il explique le phénomène photoélectrique. Cela lui permet de suggérer que la lumière peut être à la fois onde et composée de particules.

- **Bohr, en 1913,** élabore le premier modèle atomique cohérent en démontrant que l'atome est composé d'un noyau autour duquel tournoient des électrons sur des orbites très précises. Ceci lui permet de consolider la table des éléments chimiques élaborée par Mendeleïev en 1869, et d'expliquer très simplement les raies des spectres des corps chimiques, mystère non résolu par la physique classique au XIXe siècle.

Deuxième période (1922-1927)

En 1923, le physicien français **Louis de Broglie** joue un rôle fondamental dans la construction de la physique quantique en publiant ses travaux, inspirés par ceux d'Einstein et de Bohr, qui démontrent que toute particule matérielle (électron, proton…) est associée à une onde (appelée « de matière » ou « pilote ») qui lui « indique » le chemin qu'elle doit suivre. Il entérine ainsi l'intuition d'Einstein sur la dualité de la lumière : onde ou constituée de particules ?

Ses travaux permettent, entre les années 1925 et 1927, l'éclosion d'une nouvelle génération de très jeunes physiciens qui construisent, à l'aide d'un formalisme purement mathématique, une nouvelle physique quantique qui, bien que très abstraite, est une évolution normale des découvertes précédentes. Ces savants sont :

- l'Allemand **Werner Heisenberg** et sa mécanique matricielle,
- l'Autrichien **Erwin Schrödinger** et sa mécanique ondulatoire,
- le Britannique **Paul Dirac** et son algèbre quantique.

Troisième période (1927-1970)

Les fondements de la physique quantique acquis, il fallut l'interpréter, le monde microscopique étant à la fois invisible à nos sens humains et déroutant par ses paradoxes et ses étrangetés. Cela ne fut pas chose facile : les scientifiques durent choisir entre Bohr, qui affirmait que la physique quantique était une théorie complète, bien que non déterministe, et Einstein, qui prétendait le contraire. Ce dilemme commença au congrès de Solvay, fin 1927, pour s'achever peu avant la fin de 1938, quand Einstein cessa d'apporter sa contribution intellectuelle à cette physique qui, n'étant que prédictive (car basée essentiellement sur des outils statistiques), était donc pour lui incapable d'expliquer ce qui se passait réellement dans le monde de l'infiniment petit.

Par ailleurs, la remarquable contribution de Heisenberg, Schrödinger et Dirac à la physique quantique se révéla elle aussi incomplète : elle ne pouvait s'appliquer qu'à une seule particule, et non à plusieurs, existant dans un champ électromagnétique. C'est **Richard Feynman** qui combla cette très importante lacune en développant, entre les années 1939 et 1950, l'électrodynamique quantique et relativiste. Ensuite, en généralisant celle-ci, il participa activement, avec d'autres savants, de 1951 à 1970, à l'élaboration de la théorie des champs, applicable à n'importe quel champ.

Nous aborderons dans la conclusion les avancées effectuées des années 1970 à nos jours ; grâce à des accélérateurs de plus en plus puissants, l'essentiel des travaux de recherche des scientifiques a consisté, jusqu'à aujourd'hui, à confirmer et affiner constamment les prédictions théoriques successives.

PREMIÈRE PÉRIODE
(1900-1921)

LES PÈRES FONDATEURS

CHAPITRE 1

MAX PLANCK (1858-1947)

Au programme

- Le four du boulanger
- Les quanta d'énergie

En 1900, Max Planck, physicien allemand renommé, est professeur à l'université de Warburg et très grand spécialiste de la thermodynamique, science qui s'est peu à peu développée durant les deux siècles précédents.

Planck, ardent défenseur de la physique classique, est un savant très conservateur, aussi bien vis-à-vis des nouvelles théories développées par d'autres, notamment sur la thermodynamique, que sur l'aspect corpusculaire de la lumière (il ne lui est jamais venu à l'esprit qu'elle puisse être constituée de particules). De plus, il est totalement hermétique à la notion d'atome. C'est dire que pour lui, à cette époque (on le verra : il saura heureusement évoluer), toute idée scientifique nouvelle revêt un caractère sacrilège ! Cependant, à son corps défendant, il va devenir l'initiateur de la révolutionnaire physique quantique – perturbé par son propre exploit, il mettra plus de vingt-cinq ans à l'accepter !

Le four du boulanger

Pour mieux comprendre comment Planck a pu entrer au panthéon de l'histoire de la recherche scientifique en démontrant que les échanges entre la matière et l'énergie qui en est issue se déroulent non pas de façon homogène et continue (comme l'écoulement d'un long fleuve tranquille, ou comme une onde), mais de façon discontinue (ou discrète) par petits paquets (ou quanta), comme les balles d'une mitrailleuse, il nous faut faire un léger retour en arrière.

Dans les années 1860, la marche vers la découverte des quanta de lumière (ou photons) est ouverte, à son insu, par le physicien allemand **Gustav Robert Kirchhoff (1824-1887)**.

Un soir d'hiver, devant sa cheminée où rougeoient des braises, il s'interroge sur le fait que celles-ci émettent des lumières de couleur différente selon leur température. C'est un phénomène bien connu des potiers, des verriers et des boulangers qui, depuis l'Antiquité, vérifient la température de leur four grâce à sa couleur (750° C pour le rouge vif, 1 000° C pour le jaune, 1 200° C pour le blanc…).

Pour comprendre ce phénomène, Kirchhoff imagine le concept du « corps noir ». Celui-ci ressemble à un four idéal ayant la forme d'une boîte fermée (carrée ou autre) absorbant la totalité du rayonnement qu'elle reçoit (d'où le terme « corps noir », qui peut être trompeur). En le chauffant progressivement, Kirchhoff peut analyser les fréquences du rayonnement électromagnétique, visible ou pas, qui sort d'un petit trou percé dans l'une des parois.

Rappelons que, jusqu'au début du XIXe siècle, ce rayonnement se résumait à la lumière visible. Peu à peu, les physiciens découvrirent d'autres rayonnements de même nature mais non perceptibles à l'œil humain (l'ultraviolet, l'infrarouge) puis, à la fin de ce même siècle, la plupart des autres rayonnements (les micro-ondes, les ondes radio, les rayons X et gamma). À la même époque, en 1864, Maxwell démontre qu'un rayonnement électromagnétique est composé d'une onde électrique et d'une onde magnétique se propageant à la vitesse de la lumière. Comme le montre la figure suivante, tous ces rayonnements ne se différencient que par leur longueur d'onde, donc leur fréquence (plus la longueur d'onde est petite, plus la fréquence est élevée). Soulignons que la lumière visible n'occupe qu'une toute petite partie du rayonnement électromagnétique total (de l'ordre de seulement quelques pourcents).

Composition de l'ensemble du rayonnement électromagnétique

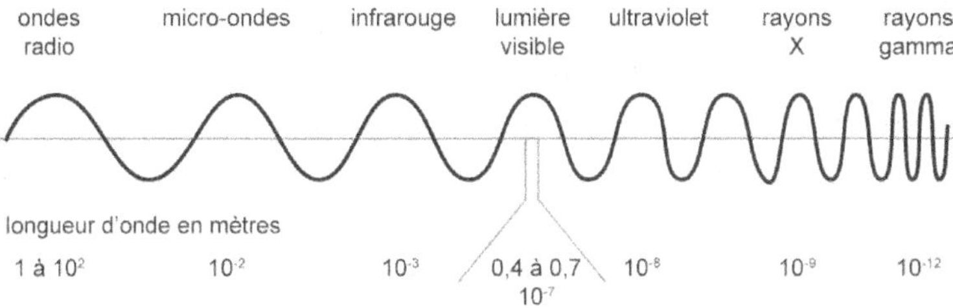

L'expérience de Kirchhoff confirme que les températures sont toujours liées aux mêmes rayonnements électromagnétiques (donc aux mêmes couleurs quand ils sont visibles), ce qui reste vrai quelles que soient la matière brûlée (verre, charbon, bois…), la consistance des parois (brique, fer…) et la forme du corps noir. Très logiquement, il en déduit que l'intensité du rayonnement est seulement liée à la fréquence de ce dernier et à la température du four. En partant de cette hypothèse, pour comprendre comment s'effectuent les échanges d'énergie entre la matière et le rayonnement électromagnétique sortant du corps noir, il lui suffit de construire la courbe ci-dessous qui, pour une température donnée, relie sa fréquence à son intensité (c'est-à-dire son énergie rayonnée).

Courbes des rayonnements émis par le corps noir

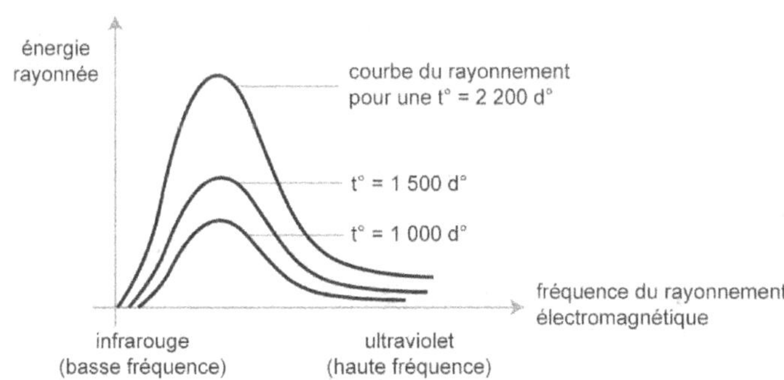

Il ne reste plus qu'à trouver la formule mathématique s'appliquant parfaitement à la forme de cette courbe. C'est alors que les choses se gâtent : ni Kirchhoff ni aucun chercheur de l'époque n'y parvient. Leurs approches mathématiques se traduisent par des formules qui ne correspondent pas du tout à la réalité physique du phénomène : elles prédisent que l'intensité du rayonnement électromagnétique émis par le « corps noir », au lieu de décroître, devient infinie lorsque les fréquences se situent au niveau de l'ultraviolet. Cela signifierait que tout boulanger, tout potier qui regarde ce qui se passe dans son four aurait les yeux brûlés, et que vous, assis devant votre cheminée, risqueriez de devenir une torche vivante ! Conséquence imprévisible : ce sont les recherches effectuées sur cette discordance qui donneront naissance à la révolutionnaire physique quantique.

Les quanta d'énergie

Comment les lois de la physique classique, et plus particulièrement celles de la thermodynamique, peuvent-elles être ainsi prises en défaut ? Cette interrogation est alors inadmissible pour les scientifiques. Aucune formule mathématique n'arrive, pour une température donnée, à reconstituer totalement l'ensemble de la courbe obtenue par l'analyse empirique de tout le spectre des fréquences du rayonnement électromagnétique (et plus particulièrement de la lumière : de l'infrarouge à l'ultraviolet) sortant par le trou du corps noir.

Planck s'intéresse beaucoup à cette anomalie. Peu avant 1900, il se met à rechercher la formule qui doit corroborer toutes les observations de Kirchhoff, et notamment être indépendante de toute contingence matérielle du corps noir (volume, forme, matière brûlée…). En tâtonnant, il trouve finalement une formule mathématique qui permet de calculer, pour une température déterminée, l'énergie totale E dégagée par un rayonnement électromagnétique et qui, bien sûr, est en adéquation parfaite avec cette fameuse courbe. Cependant, son travail n'est pas terminé : il lui faut maintenant étayer par une théorie scientifique adéquate cette formule découverte empiriquement. Hélas, bien qu'il soit un virtuose des lois de la thermodynamique, il n'arrive pas à élaborer de théorie convaincante. Au bout de six mois d'un travail harassant, il pense même à abandonner.

Heureusement, le fantasque mais génial physicien et mathématicien autrichien **Ludwig Boltzmann (1844-1906)** va le tirer de ce mauvais pas. En effet, à la fin du XIXe siècle, lui vient l'idée étonnante d'expliquer le comportement général d'un gaz enfermé dans une enceinte en tentant d'étudier celui de chacune des molécules le constituant. Or, il s'aperçoit que cela est impossible : il existe des milliards de molécules dans un simple centimètre cube de gaz. Il fait donc appel aux probabilités en prenant en considération la valeur moyenne de multiples paramètres attachés à une molécule (sa vitesse, la longueur et la direction de sa trajectoire, le nombre de collisions par seconde avec d'autres molécules ou contre les parois du récipient, le nombre de fois où il n'y a aucune collision…) à partir desquels il peut expliquer le comportement d'un gaz.

Grâce à cette démarche innovante, Boltzmann réussit, en partant d'une étude effectuée au niveau microscopique (chaque molécule de gaz), à déterminer au niveau macroscopique les propriétés générales d'un gaz (pression, température, chaleur) et surtout à définir leurs valeurs de façon certaine.

Ces résultats sont totalement inattendus, et la démarche scientifique suivie est révolutionnaire. Pour Planck, suprême blasphème, cette approche à la fois moléculaire et probabiliste remet en cause les lois classiques de la thermodynamique. Cependant, en désespoir de cause, et voulant absolument démontrer le bien-fondé de sa formule, il vend son âme au diable en adoptant la démarche probabiliste de Boltzmann. Tout comme ce dernier utilisait un calcul de probabilité sur des molécules indépendantes, Planck divise l'énergie E du rayonnement électromagnétique issu du corps noir en de très nombreuses quantités n très petites. Chacune d'elles étant dotée d'une quantité d'énergie e.

Il aboutit alors à la formule $e = hf_{(i)}$ où $f_{(i)}$ représente les différentes fréquences du rayonnement (correspondant, en partie, aux différentes couleurs composant la lumière visible) et h est un facteur de proportionnalité dont la valeur, infiniment petite, est exprimée en joules/seconde : $6{,}55 \times 10^{-34}$, très proche de la valeur connue de nos jours : $6{,}62 \times 10^{-34}$ (obtenue en comparant les calculs issus de sa formule et les résultats expérimentaux). Cette constante sera appelée « constante h de Planck » et deviendra rapidement la clé de voûte de la physique quantique. Bien entendu, l'énergie totale E du rayonnement électromagnétique est égale à ne $(E = ne)$.

Planck vient donc de démontrer que les échanges d'énergie entre la matière incandescente (par exemple du bois qui brûle) et le rayonnement sous forme de chaleur (l'énergie) qui s'en échappe se font par petites quantités d'énergie, qu'il appela au début « quantité élémentaire d'action » (elles seront par la suite baptisées « quanta d'énergie »). Lorsque vous mettez une bûche dans votre cheminée, les autres bûches qui brûlent déjà autour dégagent une énergie qui fait vibrer les atomes de la nouvelle bûche suivant une certaine fréquence. Cela permet à la matière (le bois qui brûle) de restituer une certaine quantité d'énergie sous la forme d'un rayonnement électromagnétique quantifié (c'est-à-dire discontinu) dont, on l'a vu, seule une très petite partie est visible.

Bien que les lois classiques de la thermodynamique affirment que cette restitution d'énergie doit s'effectuer de façon continue, et malgré la grande perplexité de Planck, tous ses calculs confirment que son résultat est juste. Il le démontre à Berlin, le 14 décembre 1900, devant ses pairs éberlués de la Société allemande de physique. Instant exceptionnel pour la physique : la physique quantique, celle du monde microscopique des particules, est née.

Pour comprendre cette formule, il faut savoir que la quantité d'énergie transportée par un quantum varie suivant la fréquence du rayonnement électromagnétique. Dans la pratique, plus la fréquence est élevée, plus un quantum transporte d'énergie. Par exemple, un quantum lié à la couleur ultraviolette transporte beaucoup plus d'énergie qu'un quantum lié à la couleur infrarouge.

D'après cette constatation, il ne devrait y avoir aucune raison pour que la température de votre cheminée ne s'élève pas à plusieurs milliers de degrés ; l'élévation de cette température étant proportionnelle à la quantité de bois, il serait normal que l'énergie dégagée soit de plus en plus importante. Ce n'est heureusement pas le cas, puisque lorsque le degré d'excitation des atomes provoque l'émission d'énergie sous forme de chaleur (le niveau de la couleur ultraviolette), les atomes n'arrivent plus à restituer assez d'énergie pour former (en quelque sorte « remplir ») un quantum de couleur ultraviolette. Le transfert d'énergie (donc de chaleur) « tombe en panne » : c'est la fameuse « catastrophe ultraviolette ». La chaleur dégagée par votre cheminée ne peut donc pas dépasser un certain seuil.

Explicitons ce phénomène bizarre par des exemples simples.

L'haltérophile

Imaginez un haltérophile assimilant l'énergie nécessaire pour soulever une barre d'un certain poids à un quantum d'énergie. Le corps du sportif possède une quantité d'énergie suffisante pour remplir un quantum lui permettant de soulever une barre de 10, puis de 30, de 50 kg... Mais, la barre devenant de plus en plus lourde, il aura de plus en plus de mal à la soulever, car sa quantité d'énergie personnelle, même s'il mange beaucoup de sucre, ne suffira plus pour remplir un quantum. Si, en jargon sportif, on dirait qu'il se met « dans le rouge », Planck aurait pu dire « dans l'ultraviolet » ! À partir d'un certain poids, l'haltérophile ne pourra plus soulever la barre : toute l'énergie contenue dans son corps ne suffira plus à remplir le quantum nécessaire. Pour lui, comme pour Planck, c'est la « catastrophe (de la barre) ultraviolette » !

L'escalier bizarre

Utilisons un escalier un peu particulier pour mieux expliquer ce phénomène. Tout d'abord, en partant de sa base, imaginez-le construit avec des contremarches de plus en plus hautes (la hauteur de chacune représentant, par analogie, la quantité d'énergie, de plus en plus élevée, contenue dans un quantum). Ensuite, faites monter cet escalier bizarre par une foule de personnes de taille différente (ayant donc des jambes de longueur différente). Vous constatez que pratiquement tous les adultes peuvent monter les premières marches (les contremarches mesurant 20, 30, 40, 50 cm), mais, dès 60 cm, certains n'y arrivent plus ! Ainsi, suivant la longueur de leurs jambes, de moins en moins de personnes peuvent continuer à gravir cet escalier. La contremarche de 100 cm, par exemple, représenterait donc parfaitement la « catastrophe ultraviolette ».

La pseudo-réalité scientifique

Rappelons que, pour Planck, l'énergie d'un quantum (portion d'un rayonnement électromagnétique) est égale à $e = hf_{(i)}$. Prenons pour la constante de Planck $h = 0,1$ (soit une valeur environ 10^{-33} fois plus grande que la valeur réelle) et les valeurs suivantes pour les différentes fréquences du rayonnement électromagnétique de la lumière : *f(infrarouge) = 10*, *f(violet) = 100*, *f(ultraviolet) = 1000*. Ainsi, pour une énergie reçue, un atome restituera des quanta de valeur énergétique différente suivant la couleur du rayon lumineux (donc de sa fréquence) :

- pour f(infrarouge) = 0,1 x 10 = 1
- pour f(violet) = 0,1 x 100 = 10
- pour f(ultraviolet) = 0,1 x 1000 = 100

Ce calcul très approximatif montre qu'un quantum de couleur ultraviolette (haute fréquence) transporte 100 fois plus d'énergie (dans la réalité, 2 à 3 fois plus) qu'un quantum de couleur infrarouge (basse fréquence). Ainsi, pour une énergie reçue, un atome peut plus facilement émettre un quantum infrarouge ou violet qu'un quantum ultraviolet. Le changement de couleur d'un rayon lumineux ne peut donc s'effectuer que si l'atome dispose d'une certaine quantité d'énergie, d'où l'expression initialement choisie par Planck de « quantité élémentaire d'action ».

Ces exemples montrent comment le transfert d'énergie entre la matière et la lumière (appelé rayonnement électromagnétique) devient de plus en plus difficile suivant la quantité d'énergie que doit transporter un quantum. Arrivé à un certain niveau, ce transfert s'arrête. C'est uniquement pour cette raison que la chaleur dégagée par la cheminée ne nous grille pas !

L'extraordinaire découverte de Planck

Planck vient donc malgré lui à la fois de découvrir la constante universelle h (certes très petite, mais non nulle, qu'il appela h par dérision pour rappeler la première lettre de *Hilfe!*, « au secours » en allemand) et d'ouvrir largement à la physique quantique la porte que Boltzmann avait entrebâillée.

Planck fut totalement effondré par sa découverte révolutionnaire, qu'il qualifia même d'« acte de désespoir » ! De fait, il se sent devenu un hérétique scientifique : il vient de démontrer la réalité d'un phénomène physique (le transfert d'énergie ne se fait pas de façon continue, sous forme d'onde, mais discontinue, par quanta, et la quantité d'énergie transportée par ces derniers ne peut absolument pas dépasser un certain seuil) par des arguments qu'il a toujours rejetés comme contraires à ses plus profondes convictions. Il ne pensait pas aboutir à cette conclusion mettant en échec les lois classiques de la thermodynamique, et donc de la physique classique en général. Indirectement, il cautionnait aussi l'idée que la matière, à son niveau le plus intime, est constituée d'atomes, ce qu'il avait toujours combattu avec fougue. Durant une grande partie de sa vie, il considérera avoir sciemment utilisé un artifice mathématique auquel il ne croyait pas, uniquement pour valider sa formule, qu'il savait exacte. Cela tenait pour lui plus de la supercherie scientifique que d'un véritable travail de chercheur. Moralement, il s'en tira par une sorte de pirouette scientifique en déclarant que la discontinuité représentée par les quanta ne provenait pas directement du rayonnement électromagnétique lui-même, mais qu'elle était le résultat de son interaction avec la matière (comme l'eau s'écoulant de façon continue sur un sol en arrache régulièrement de petites mottes de terre). Bien entendu, cette « explication » était totalement fausse, et il le savait pertinemment ! Einstein se fera un plaisir d'en apporter la preuve cinq ans plus tard.

Planck rejettera plus tard les travaux d'Einstein sur la découverte des quanta de lumière et, contrairement à ce même Einstein et à Bohr, ne participera jamais à une quelconque recherche ultérieure sur la physique quantique. Cependant, il fut bien malgré lui l'initiateur d'une révolution scientifique qui allait bouleverser de façon irréversible la face de la physique classique de la recherche fondamentale.

Apport de Planck à l'élaboration de la physique quantique

Planck, en 1900, en expliquant le phénomène du corps noir, a ouvert une porte sur une nouvelle physique appelée *quantique*.

Il a ainsi créé une rupture complète avec la physique classique, où régnait sans partage la continuité, en démontrant que les échanges entre la matière et le rayonnement électromagnétique (dont la lumière) se faisaient d'une façon discontinue, par « petits paquets », ou quanta.

De plus, il a cautionné les travaux de Boltzmann, donc l'utilisation des probabilités (outils mathématiques incontournables en physique quantique), mais aussi, indirectement, l'existence des atomes.

CHAPITRE 2

ALBERT EINSTEIN (1879-1955)

Au programme

- Einstein à la recherche des atomes
- L'existence des quanta de lumière, ou photons
- La lumière, onde ou formation de particules ?

En juillet 1900, diplômé à vingt et un ans du célèbre institut suisse Polytechnicum de Zurich (section « professeur à orientation mathématique et physique »), l'Allemand Einstein essaie d'entrer dans la vie active. Pour pouvoir préparer sa thèse, il pense obtenir facilement, comme il est d'usage dans cette école, un poste d'assistant rémunéré auprès de son professeur de physique, Heinrich Weber (célèbre pour avoir créé une unité de mesure physique). Mais ce poste lui est refusé, du fait essentiellement de son comportement exécrable envers son professeur. Il contacte alors, sans plus de succès, plusieurs universités allemandes, suisses et italiennes. Il enchaîne ainsi pendant deux ans remplacements éphémères dans des lycées et cours particuliers, et est finalement embauché à l'Office fédéral des brevets de Berne comme ingénieur de troisième classe.

Ce n'est qu'en 1909 qu'il obtiendra un poste d'universitaire plus conforme à son niveau de chercheur théoricien – et à ses espérances.

Einstein à la recherche des atomes

Malgré ce début de parcours professionnel atypique, Einstein ne perd pas complètement son temps puisque, dès son diplôme en poche, il commence à réfléchir sérieusement à ses futurs axes de recherche. Depuis quelques années, il a l'intuition que certains phénomènes physiques, inexpliqués dans le cadre des théories scientifiques classiques de l'époque, pourraient l'être grâce au concept moléculaire, ou atomique (à l'aube du XXe siècle, ces deux termes décrivent pour les scientifiques une même réalité). Pour lui, la matière de tous les corps est constituée d'atomes dont les propriétés physiques au niveau microscopique doivent expliquer au niveau macroscopique le comportement général de ces corps. Il écrit : « Je cherche des phénomènes qui me permettront d'établir l'existence des atomes ainsi que leur dimension… » En effet, les notions d'atome et de molécule, bien que déjà utilisées dès le milieu du XIXe siècle (notamment par les chimistes, puis par Boltzmann), n'étaient pas encore scientifiquement prouvées.

Aussi Einstein commence-t-il dès la fin de 1900 une carrière de chercheur indépendant et solitaire, spéculant sur l'existence des atomes. Pari d'autant plus risqué qu'à cette époque beaucoup de savants, dont certains illustres, comme Planck, on l'a vu, nient farouchement leur existence. Pour eux, ce concept est alors inutile et farfelu : personne n'a démontré leur réalité, et on peut se passer d'eux pour expliquer les phénomènes liés à la physique classique.

L'éclosion progressive de l'hypothèse atomiste et moléculaire au long du XIXe siècle a permis une lente évolution, aussi bien intellectuelle qu'expérimentale, dans la compréhension des phénomènes macroscopiques à partir du monde microscopique, facilitant ainsi l'éclosion progressive de la physique quantique à partir du début du XXe siècle.

La sève au printemps

En mars 1901, Einstein démontre que le phénomène de capillarité est dû à des interactions entre les molécules qui provoquent des phénomènes de tension physique à la surface d'un liquide, ce qui engendre des forces permettant à un liquide quelconque de s'élever dans un corps. Ces forces sont par exemple responsables, au printemps, de la montée de la sève dans les arbres, que seule la gravitation retient de pousser jusqu'au ciel ! Einstein fait paraître ces premiers et modestes travaux de recherche dans la très sérieuse revue scientifique allemande *Annalen der Physik*. Si cette publication est acceptée par une revue d'un tel renom, dont Max Planck est le président du comité de lecture, c'est qu'Einstein est sur la bonne voie ! Fort de cet encouragement, il est persuadé qu'il a aussi raison de croire en l'existence des atomes.

Nouvelles lois thermodynamiques

En 1902, Einstein pense que pour poursuivre ses recherches il doit utiliser la thermodynamique, branche de la physique qu'il a le mieux étudiée. Il est particulièrement impressionné par les travaux de Boltzmann dans ce domaine ; on l'a vu, ceux-ci, entièrement basés sur un raisonnement probabiliste, analysent le comportement des molécules d'un gaz afin de déterminer, au niveau macroscopique, ses caractéristiques physiques. Aussi Einstein en fait-il l'un des fondements de sa réflexion de redéfinition de la thermodynamique, pour aboutir en 1905 à ses premières découvertes sur les atomes et les quanta de lumière.

En deux ans, il réussit à redéfinir les lois de la thermodynamique comme étant d'essence à la fois mécanique, cinétique et statistique. De plus, en s'appuyant sur l'existence des atomes, il explique certaines anomalies perçues au niveau macroscopique qui ne pouvaient pas être élucidées par les lois classiques de la thermodynamique.

L'intuition d'Einstein

Nous sommes au début de l'année 1904. Einstein, toujours bien décidé à démontrer que la matière, à son niveau intime, est constituée d'atomes, est persuadé que la clé se trouve dans ses travaux précédents, ceux qui ont donné un nouveau visage aux lois classiques de la thermodynamique. Ils lui ont permis de se forger à la fois des concepts intellectuels inédits, de nouveaux outils mathématiques et une solide démarche scientifique qu'il pourra appliquer à d'autres domaines où certains phénomènes ne peuvent pas être expliqués au niveau macroscopique par les lois de la thermodynamique ni, plus généralement, de la physique classique. En ce début de siècle, plusieurs phénomènes physiques sont encore réticents à toute explication logique. Le mystère du corps noir a été résolu par Planck, mais il reste encore ceux de l'effet photoélectrique et de l'agitation brownienne.

En moins de deux ans, Einstein réalise l'exploit de résoudre ces énigmes en signant les certificats de naissance des deux plus importantes découvertes du XXe siècle : l'existence des atomes et celle des quanta de lumière, baptisés « photons » en 1926 par le physicien et chimiste américain **Gilbert Lewis (1875-1946)**.

Ces découvertes sont par ailleurs accompagnées par l'élaboration de la théorie d'Einstein sur la relativité restreinte, qui va reléguer celle de Maxwell sur l'électromagnétisme au rang de cas particulier. Einstein démontre à la fois la relativité du temps et de l'espace, et l'équivalence entre la masse et l'énergie, créant ainsi une nouvelle énergie jusqu'alors inconnue en physique (appelée plus tard nucléaire), fille de l'équation[1] mythique $E = mc^2$.

Atomes et grains de pollen

En 1827, le botaniste écossais **Robert Brown (1773-1858)**, spécialiste de la flore australienne, découvrit par hasard à l'aide

---

1. Voir notre ouvrage *Comprendre Einstein*, Eyrolles, 2009.

d'un microscope que des particules de pollen d'un diamètre d'environ un micron, immergées dans l'eau, sont animées de mouvements incessants, à la fois saccadés et désordonnés. Ce phénomène, que Brown sut décrire sans pouvoir l'expliquer, fut baptisé « mouvement brownien », expression couramment utilisée encore aujourd'hui dans un contexte sémantique plus large.

À la fin du XIXe siècle, ces mouvements incompréhensibles rendent les savants très perplexes : les déplacements de ces particules, dotées à la fois d'une trajectoire non rectiligne et d'une vitesse non uniforme, ne sont pas conformes aux principes galiléens et newtoniens de la physique classique, notamment au mouvement d'inertie. Les chercheurs observent simplement que ces petits grains de pollen s'agitent d'autant plus que la température de l'eau dans laquelle ils sont plongés s'élève. Ils pensent donc que ce phénomène doit se situer au confluent de la mécanique des fluides et de la thermodynamique, dans la mesure où les molécules d'eau semblent jouer un rôle majeur.

Cela tombe bien : Einstein commence à être un expert dans ces deux domaines. Se fiant à son fameux flair, il s'appuie sur cet atypique et marginal mouvement brownien pour démontrer définitivement l'existence des atomes. Partant d'une hypothèse purement moléculaire, il pense que les mouvements irréguliers et imprévisibles des petits grains sont dus à des collisions aléatoires avec les molécules d'eau (car, bien sûr, Einstein sait que l'agitation moléculaire d'un gaz ou d'un liquide s'amplifie d'autant plus que sa température est élevée).

Par ailleurs, il sait aussi que le chimiste néerlandais **Jacobus Henricus Van't Hoff (1852-1911)** a expliqué en 1886 la notion de pression osmotique, qui s'exerce dans une solution liquide pour empêcher l'attraction de l'eau par osmose. Celle-ci exprime le transfert, au travers d'une membrane, du solvant d'une solution diluée vers une solution plus concentrée. Mais surtout, ce chimiste a démontré que ce phénomène s'applique aussi aux molécules d'un gaz parfait ; aussi peut-elle être également interprétée dans un contexte de cinétique moléculaire gazeuse.

Pour Einstein, c'est du pain bénit : il peut utiliser ses propres concepts et outils mathématiques, développés les années précédentes dans un contexte gazeux en partant des travaux de Boltzmann, pour expliquer le mouvement brownien. Pour cela, il utilise conjointement les lois de la thermodynamique et celles de la cinétique des gaz parfaits. Ceci lui permet, dans un premier temps, de calculer le coefficient de diffusion des particules (par exemple, des grains de pollen) dans un liquide, notamment en fonction de la viscosité de ce dernier. Dans un deuxième temps, à partir de ce coefficient, il calcule facilement, après un choc contre une molécule d'eau, la distance moyenne parcourue par ces particules en suspension dans l'eau (proportionnelle à la racine carrée du temps mis à parcourir cette distance). Enfin, il en déduit aisément une formule qui lui permet de déterminer avec une assez grande précision le nombre N d'Avogadro (N : même nombre de molécules pour un volume identique de gaz, pour une température et une pression données).

Grâce à cette solide démarche scientifique, Einstein, en assimilant une molécule à un atome, apporte la preuve irréfutable de l'existence de ce dernier. Plus tard, en 1909, le physicien français **Jean Perrin (1870-1942)** entérinera par de multiples expériences (remplaçant les grains de pollen par de minuscules billes de mastic et de gomme, immergées dans des liquides différents) tous les travaux d'Einstein dans ce domaine, tout en affinant la valeur du nombre N d'Avogadro *(6,022 x 10²³)*, qui prendra alors le statut de constante.

C'est une longue gestation intellectuelle, initiée par Démocrite plus de vingt-cinq siècles auparavant, à laquelle Einstein mit un point final en publiant, en mai 1905, le résultat de ses recherches sur l'atome dans la revue scientifique *Annalen der Physik*.

L'existence des quanta de lumière, ou photons

Bien entendu, en 1904, Einstein connaît très bien les travaux de Planck et, contrairement à ce dernier, il sait que le raisonnement utilisé pour expliquer le « corps noir » est juste. Il est donc certain, en utilisant ses propres outils et concepts élaborés les trois dernières années, de pouvoir expliquer différemment ce phénomène. Il peut donc aisément, d'une part, démontrer que le rayonnement électromagnétique confiné dans le corps noir est un phénomène thermodynamique, et d'autre part créer une analogie parfaite entre un gaz et un rayon lumineux : pour Einstein, tout comme un gaz est formé de molécules, un rayon lumineux est constitué de petites particules qu'il appelle « quanta de lumière ». L'énergie d'un rayon lumineux s'effectue donc non pas d'une façon continue, mais par l'action, forcément discontinue, de ces quanta. Par un autre cheminement intellectuel, il aboutit pratiquement à la même formule que Planck quant à l'énergie contenue dans chaque quanta de lumière : $e = hf_i$ (h : constante de Planck, f_i : fréquence du rayonnement électromagnétique).

Ainsi, tout en confirmant le bien-fondé des travaux de Planck, Einstein débouche sur une conclusion encore plus extraordinaire : il n'y a pas que les échanges entre la matière et l'énergie (sous forme d'un rayonnement électromagnétique, dont les rayons lumineux font partie) qui s'effectuent d'une façon discontinue (par quanta d'énergie) ; la propagation de la lumière elle-même se fait également ainsi (par quanta de lumière, ou photons).

Cette découverte, invraisemblable pour l'époque, fait d'Einstein l'un des pères fondateurs de la physique quantique. De plus, en s'appuyant sur la découverte des quanta de lumière, il peut expliquer naturellement un certain nombre de phénomènes qu'aucun chercheur de l'époque n'arrivait à résoudre dans le cadre des lois de la physique classique, comme l'effet photoélectrique.

L'effet photoélectrique

C'est le physicien allemand **Heinrich Hertz (1857-1894)** qui, en 1888, en ouvrant la voie à la télégraphie sans fil, découvre par hasard l'effet photoélectrique (phénomène qui consiste à créer un courant électrique à l'aide d'un rayon lumineux dirigé sur un métal). En démontrant que les ondes électromagnétiques supposées par Maxwell existent bien, Hertz s'aperçoit que, lorsque son expérience s'effectue avec un rayon lumineux privé de sa fréquence ultraviolette, il ne se produit pratiquement rien. Constatation tout aussi bizarre, ce phénomène subsiste même s'il augmente l'intensité de sa source lumineuse.

Partant des observations de Hertz, le physicien allemand **Philipp Lenard (1862-1947)** étudie sérieusement l'effet photoélectrique. Pour cela, il a recours à un dispositif très astucieux qui consiste à amener d'abord un rayon lumineux sur un prisme (pour pouvoir sélectionner des rayons monochromatiques de fréquences différentes), puis à orienter chacun de ceux-ci vers un métal. Il constate que le courant électrique ainsi créé est dû à des particules de matière de charge négative (appelées plus tard électrons). Il montre aussi que plus la fréquence du rayon lumineux monochromatique est élevée (passant progressivement de l'infrarouge à l'ultraviolet), plus il y a d'électrons éjectés de la plaque de métal, ce qui, bien sûr, fournit un courant électrique de plus en plus fort. Tout comme Hertz, il constate que, d'une part, l'intensité du rayon lumineux ne joue aucun rôle dans l'effet photoélectrique et que, d'autre part, il n'existe plus de courant électrique, quelle que soit l'intensité de la lumière, en dessous d'une certaine fréquence du rayon lumineux.

Tous ces phénomènes entérinent les travaux de Kirchhoff (sur le « corps noir ») et de Planck (sur les quanta), et sont facilement explicables par analogie entre un quantum de lumière et trois petites boules de matières différentes (plastique, bois, acier) pesant respectivement 1, 30 et 300 grammes. Si vous visez successivement avec ces trois boules, animées d'une même vitesse, une autre boule immobile pesant 50 grammes et située à quelques mètres de vous (assimilable à un électron contenu dans une matière métallisée), vous constaterez que l'impact sur cette dernière sera différent à chaque fois. Avec votre boule en plastique, vous ne pourrez jamais faire bouger la boule cible (son énergie étant trop faible, elle rebondira systématiquement dessus) : on est dans l'infrarouge. Avec celle en bois, vous pourrez parfois faire bouger la boule cible (quelquefois, un électron sera éjecté) : nous sommes dans le violet. En revanche, avec l'importante énergie véhiculée par la boule en acier, la boule cible sera toujours déplacée (électron éjecté) : nous voici dans l'ultraviolet.

L'effet photoélectrique s'apparente donc à un transfert d'énergie entre un photon et un électron, ce qu'Einstein démontrera. En effet (voir figure suivante), quand un quantum d'un rayon lumineux ultraviolet (ou photon) arrive sur la surface de métal, il transmet son énergie (hf_i) à un électron contenu dans le métal. Mais pour s'extraire de celui-ci avec une énergie cinétique (Ec), cet électron doit fournir une certaine quantité de travail W (cette dernière doit être d'autant plus grande que l'électron est éloigné de la surface de métal). Ainsi, l'électron ne pourra s'échapper du métal que si l'énergie cinétique est au moins égale à $(hf_i\text{-}W)$. Bien entendu, Einstein démontre, confirmant en cela tous les travaux précédents dans ce domaine, que l'intensité du rayon lumineux ne joue aucun rôle dans l'effet photoélectrique ; seule sa fréquence est impliquée : plus elle est élevée, plus la quantité d'énergie transportée par les quanta de lumière, ou photons, est importante.

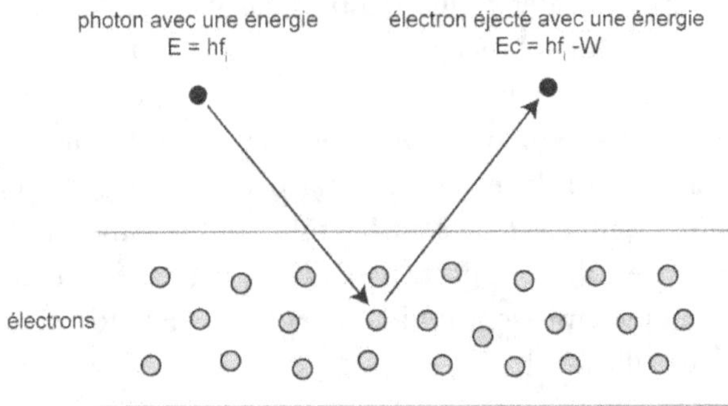

La lumière, onde ou formation de particules ?

En découvrant les quanta de lumière, ou photons, Einstein souleva un énorme problème sur lequel de nombreuses générations de chercheurs s'étaient déjà cassé les dents : la lumière est-elle une onde, ou constituée de particules ? À cette époque, la lumière (plus généralement : un rayonnement électromagnétique) représente plus que jamais un phénomène physique naturel très ambigu, incompréhensible même pour les savants. En effet, elle peut être décrite de deux manières différentes et antinomiques :

- soit on la considère comme un phénomène continu doté d'une fonction ondulatoire descriptible par sa longueur d'onde ($\lambda = cT$, c étant la vitesse de propagation de la lumière et T sa période exprimée en secondes avec $T = 1/\nu$, ν étant sa fréquence d'oscillation ou de vibration exprimée en hertz),
- soit on la considère, grâce à Einstein, comme un phénomène discontinu constitué de particules (ou photons) dont chacune est dotée d'une énergie $E = h(f_i)$.

Einstein résume ses recherches dans ce domaine lors d'une conférence intitulée « L'évolution de nos conceptions sur la nature et la constitution du rayonnement », présentée le 21 septembre 1909 à

Salzbourg. Il y fait part de ses interrogations sur la nature profonde du fait contradictoire que le comportement d'un rayon lumineux puisse être parfaitement décrit par des formules mathématiques soit dans un contexte ondulatoire, soit dans un contexte corpusculaire. Cela confirme l'invraisemblable caractère dual de la lumière, à la fois onde et particule !

Apport d'Einstein à l'élaboration de la physique quantique

Einstein, en s'appuyant sur les travaux de Planck, affirme en 1905 qu'il n'y a pas que les échanges entre la matière et le rayonnement électromagnétique qui se fassent d'une façon discontinue, par quanta : grâce à l'effet photoélectrique, il prouve qu'un rayon lumineux (et plus généralement, un rayonnement électromagnétique) est composé de quanta lumineux, ou photons, démontrant en cela le caractère dual incompréhensible de la lumière (onde ou/et formée de particules ?).

Il fait la même année d'autres découvertes qui permettront à la physique quantique de se développer :

- découverte de l'atome (grâce à l'effet brownien),
- élaboration de la théorie sur la relativité restreinte, qui permettra à la physique quantique d'être aussi relativiste,
- élaboration de sa célébrissime équation $E = mc^2$ (créant une équivalence entre la masse et l'énergie) qui, plus tard, expliquera l'existence de plusieurs centaines de particules, créées artificiellement par des collisions dans les accélérateurs de particules.

De plus, contrairement à Planck par la suite, Einstein apportera de nombreuses contributions à la physique quantique (découverte du laser, d'un cinquième état de la matière...) pour ensuite se consacrer, en solitaire et sans succès, à la recherche d'une théorie physique unique (ou « théorie du Tout »).

Enfin, soulignons qu'Einstein est le premier à vraiment utiliser des probabilités dans le contexte de la physique quantique. Grâce à ce raisonnement quantique basé sur des calculs probabilistes, il prouve l'exactitude de la formule de Planck sur le « corps noir ». Par ailleurs, conséquence indirecte mais extrêmement importante de sa découverte du concept du laser, il entérine l'utilisation obligatoire des probabilités pour prévoir le comportement des particules dans l'univers microscopique et, d'une façon plus générale, pour démontrer que tout phénomène macroscopique trouve sa source dans le monde de l'infiniment petit.

CHAPITRE 3

NIELS BOHR (1885-1962)

Au programme

- La structure des atomes
- Explication des raies spectrales d'un atome
- La structure quantique de l'atome de Bohr
- La table périodique de Mendeleïev
- D'autres raies du spectre s'invitent
- Le principe d'exclusion

Physicien danois, Bohr fait ses études à l'université de Copenhague. Après avoir passé sa thèse de doctorat, le 13 mai 1911, sur une théorie des électrons dans les métaux, il obtient une bourse de recherche pour effectuer un stage dans un laboratoire étranger. Tout naturellement, il choisit l'université anglaise de Cambridge pour continuer ses recherches dans le domaine de la physique théorique, sous la direction du physicien anglais **Joseph John Thomson (1856-1940),** directeur du Cavendish Laboratory et prix Nobel de physique 1906 pour sa découverte de l'électron en 1897.

La structure des atomes

Thomson, quelques années auparavant, avait conçu l'un des premiers modèles d'atome (surnommé « pudding aux raisins ») : une sphère de charge positive dans laquelle baignaient, de façon aléatoire, des électrons dotés d'une charge négative. À vrai dire,

Bohr n'est guère impressionné par ce modèle auquel il trouve beaucoup de défauts, et pour couronner le tout, ses rapports avec Thomson ne sont pas très agréables. Heureusement, début 1912, il fait la connaissance d'un ancien élève de Thomson, le chimiste et physicien britannique **Ernest Rutherford (1871-1937)**, prix Nobel de chimie en 1908 pour ses recherches sur la radioactivité. Le courant passe très bien, d'autant qu'ils sont tous deux profondément religieux et passionnés de football. Cette rencontre changera radicalement le cours de la vie scientifique de Bohr.

Prolongeant son année sabbatique, Bohr arrive en mars 1912 à Manchester pour collaborer avec Rutherford sur le modèle d'atome que celui-ci avait conçu en 1909. Rutherford avait commencé cette recherche en 1908 en bombardant de particules radioactives des atomes contenus dans des feuilles d'or, expérience montée avec son élève **Hans Geiger (1882-1945)**, inventeur, en 1913, du compteur portant son nom. Après de très nombreux essais infructueux, ils eurent la chance de s'apercevoir que certaines particules, peu nombreuses, au lieu d'aller tout droit ou de dévier légèrement de leur trajectoire, rebondissaient en arrière. Personne n'y comprenant rien, Rutherford eut idée que l'atome devait avoir en son centre un noyau, à la fois extrêmement lourd et très petit, doté d'une charge positive.

Rutherford se trouva alors confronté à de nombreuses questions insolubles : comment les électrons se déplaçaient-ils ? Quelles trajectoires suivaient-ils ? Comment faisaient-ils pour ne pas être attirés par le noyau ? Bien que certain de la structure de son atome, Rutherford ne trouve pas de réponses satisfaisantes à ses questions ; l'arrivée de Bohr dans son équipe lui semble donc providentielle. Tous deux collaborent activement dès juin 1912.

Dans un premier temps, ils sont d'accord pour concevoir un modèle d'atome semblable au système solaire : le noyau représente le Soleil autour duquel tournoient les électrons sur des orbites circulaires et concentriques (donc situées dans un même plan), comme les planètes autour du Soleil. Tous deux voient, dans cette analogie apparemment saugrenue entre le système solaire et la structure d'un atome, l'aide de Dieu leur permettant d'unifier l'infiniment grand et l'infiniment petit. Ils sont séduits.

Mais leur enthousiasme ne dure guère : ce modèle d'atome, même s'il est d'inspiration divine, est totalement instable. Si, grâce à Newton et à Einstein, ils comprennent pourquoi les forces gravitationnelles permettent aux planètes de ne pas s'écraser sur le Soleil, en revanche, ils s'aperçoivent très vite, grâce à Maxwell, que leur modèle atomique ne peut théoriquement pas exister. En effet, un électron (donc une particule possédant une charge électrique négative) qui tourne autour du noyau de l'atome crée obligatoirement un courant électrique en émettant des ondes électromagnétiques qui, bien sûr, consomment de l'énergie. Les forces électriques d'attraction du noyau (doté, lui, d'une charge positive) prenant progressivement le dessus, l'électron, en perdant progressivement son énergie, doit être de plus en plus attiré par le noyau pour finalement s'y écraser. Ainsi, d'électron en électron, l'atome, tel un château de cartes, devrait s'écrouler sur lui-même en quelques millièmes de seconde.

La première structure quantique d'un atome

Bohr, sous l'autorité bienveillante de Rutherford, essaie donc de trouver pour l'atome une nouvelle structure stable. Très vite, en s'appuyant sur les travaux de Planck et d'Einstein qui ont permis, grâce à la formule $E = hf$, d'effectuer un rapprochement entre l'énergie d'un quantum (qui ne peut prendre qu'une suite de valeurs discrètes) et sa fréquence, il affirme intuitivement que :

- premièrement, les lois de la physique classique ne peuvent pas s'appliquer au monde microscopique des atomes, il faut donc trouver d'autres lois, indépendantes de celles-ci,

- deuxièmement, dans un atome, les électrons situés sur une même orbite (représentant un état stationnaire) possèdent tous une énergie identique, sans pour cela émettre un quelconque rayonnement électromagnétique (hypothèse révolutionnaire car contraire aux lois de la physique classique).

Partant de ces hypothèses, Bohr peut, dans un premier temps (voir figure suivante), avec les outils mathématiques de la physique classique, calculer le mouvement angulaire p d'un électron (analogue à la quantité de mouvement dans le contexte d'une trajectoire circulaire), grâce à la formule $p = mvr$ (m masse de l'électron, v sa vitesse, r rayon de l'orbite). Il peut alors calculer très facilement la masse du noyau, le rayon des différentes orbites d'un atome, la fréquence de rotation d'un électron autour du noyau, ainsi que sa masse et sa charge.

Calcul du mouvement angulaire d'un électron

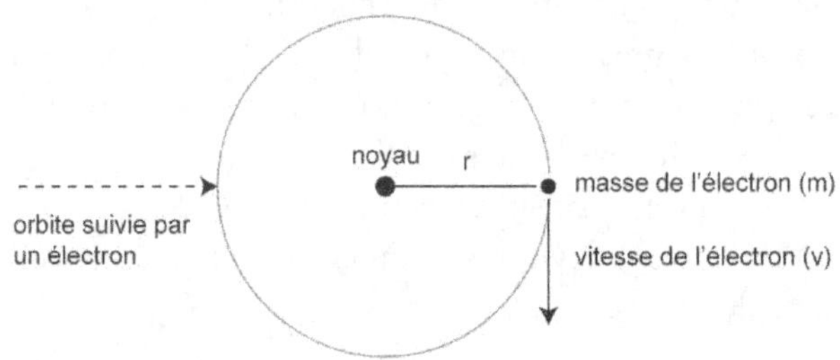

Ses calculs démontrent à Bohr que la masse du noyau représente presque la totalité (plus de 99 %) de celle de l'atome, et que ce dernier occupe un volume beaucoup plus important que celui de son noyau. En effet, la dimension d'un atome est d'environ un dixième de milliardième de mètre (10^{-10} m) et celle du noyau est environ dix mille fois plus petite (environ 10^{-14} m). La première orbite d'un électron est donc très éloignée de lui : il faut multiplier le diamètre d'un noyau par 100 000 pour la trouver. Considérez un terrain de football. En son centre, le noyau est représenté par une épingle, dotée d'une toute petite tête, plantée dans le sol. La première orbite des électrons passera au niveau des quatre coins du terrain. Autant dire que l'atome, le constituant de base de la matière, n'est fait que d'un immense vide ! C'est pourquoi certaines particules élémentaires nous transpercent des millions de fois par jour sans que nous ne nous en apercevions…

Dans un deuxième temps, en effectuant un raisonnement quantique (basé sur des valeurs numériques discontinues), Bohr affirme intuitivement que le mouvement angulaire des électrons situés sur une orbite (lié à r, qui varie) diminue ou augmente d'un facteur *h/2π* (*h* étant la constante de Planck) lorsqu'ils passent sur une autre orbite. Ainsi, pour une orbite donnée, ce mouvement angulaire sera égal à *p = mvr = n (h/2π)*, *n* prenant pour valeurs successives 1, 2, 3… Cette formule montre bien que le mouvement angulaire est quantifié (il ne peut prendre que certaines valeurs précises discontinues) en unité quantique égale à *h/2π*, et donc que la valeur de l'énergie liée aux différentes orbites d'un atome l'est aussi, puisque multipliée par *n*, qui est un nombre entier. Soulignons que le facteur numérique quantique *h/2π* a été trouvé par Bohr de façon empirique, sans qu'il puisse le démontrer ; c'est pourquoi il est considéré comme son premier postulat quantique. Quelques années plus tard, c'est de Broglie qui, mathématiquement, le confirmera.

Arrivé à ce stade de sa réflexion, même avec l'atome d'hydrogène, le plus simple qui existe dans la nature (il ne possède qu'un seul électron, et son noyau, un seul proton), Bohr n'arrive pas à démontrer scientifiquement comment cet atome peut rester stable. Il est toutefois sûr que la stabilité d'un atome ne peut être expliquée que grâce aux quanta, donc dans le contexte des lois de la physique quantique.

Explication des raies spectrales d'un atome

Faisons un petit retour en arrière. À la fin du XVIIIe siècle, les physiciens avaient découvert par hasard un gaz lumineux dont les rayons, si on le portait à haute température et faisait passer ces rayons à travers une fente puis un prisme, se décomposaient sur un écran en une succession de raies claires et noires. La même expérience effectuée avec un objet solide chauffé, donc lumineux, donne en continu un spectre normal, en arc-en-ciel. Durant tout le XIXe siècle, de nombreuses expériences de même nature sont effectuées, grâce notamment au physicien allemand **Joseph von Fraunhofer (1787-1826)** qui, en 1814, construit le premier spectroscope à l'aide d'un tout petit télescope couplé à un prisme. Cet ingénieux instrument permet quelques années plus tard au physicien allemand Kirchhoff (inventeur du célèbre « corps noir ») de découvrir un gaz inconnu présent dans l'atmosphère du Soleil : l'hélium (du grec *helios*, qui signifie « soleil »).

Toutes ces découvertes décontenancent les scientifiques, qui ne comprennent pas pourquoi ces spectres présentent une structure discontinue, contraire aux lois de la physique classique. Le seul renseignement qu'ils en retirent est que chaque gaz chauffé a toujours le même spectre (comparable à un code-barres), ce qui permet de l'identifier d'une façon certaine. Aussi supposent-ils que ces spectres ont un lien avec la structure intime de la matière, composée d'atomes et de molécules (ces notions ont commencé à faire leur chemin à partir du quart du XIXe siècle).

Pour essayer d'éclaircir ce mystère, le physicien et astronome suédois **Anders Jonas Ångström (1814-1874)**, père de l'unité de mesure du même nom (10^{-10} mètre), a l'idée, en 1862, d'étudier sérieusement le spectre de l'atome d'hydrogène, qui ne comporte que quatre raies principales. Après de nombreuses expériences, il définit avec une grande exactitude la valeur des fréquences de celles-ci, mais sans en tirer une quelconque réflexion rationnelle. Le mystère restait donc toujours entier !

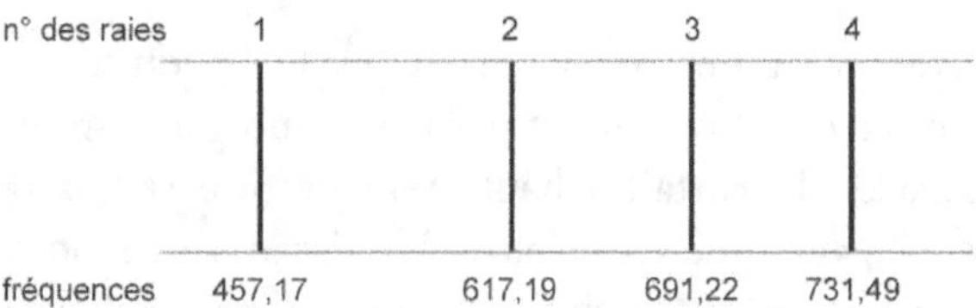

Le spectre de l'atome d'hydrogène

Vingt ans après, un enseignant d'un lycée suisse, **Johann Jakob Balmer (1825-1898),** publie ses travaux sur une étude qui permet, grâce à une formule mathématique simple, de trouver la répartition et la valeur des fréquences de chacune des quatre raies du spectre de l'hydrogène. Certes, pour effectuer cette étude, nous sommes très loin d'une quelconque recherche théorique. Il s'agit seulement d'un travail minutieux, purement empirique, fastidieux et long qui consiste à créer des liens entre des valeurs numériques. Après de nombreuses années d'un labeur obscur, il trouve, en 1885, une formule ne comportant que des nombres entiers qui permet d'atteindre cet objectif. Elle s'écrit $F = R$ (constante numérique) x $(1/4 - 1/n^2)$, n prenant comme valeurs successives : 3, 4, 5, 6 (3 pour la première raie, 4 pour la deuxième…). Extraordinairement, la valeur des quatre fréquences obtenues par Balmer et celles acquises expérimentalement sont quasi identiques (différence de l'ordre de quelques millièmes).

Ce n'est qu'en février 1913 qu'un ami de Bohr lui communique les travaux de Balmer. Sa formule lui fait l'effet d'un véritable électrochoc : il en comprend immédiatement le très grand intérêt pour faire avancer ses propres travaux de recherche sur la structure de l'atome. Pour lui, cette formule cache deux vérités à exploiter :

- d'une part, elle comporte essentiellement des nombres entiers, qui font penser aux échanges discontinus du monde microscopique où règnent en maîtres les quanta,

- d'autre part, elle utilise deux termes reliés par une différence $(1/4 - 1/n^2)$ qui évoquent de possibles échanges d'énergie entre deux orbites d'un atome. Or, Bohr sait, grâce à Einstein, que les échanges d'énergie se font par émission ou absorption de quanta de lumière ou photons.

En partant de ces deux prémonitions, purement hypothétiques, et en se basant essentiellement sur des mécanismes quantiques, il peut énoncer son deuxième postulat : quand un électron passe d'une orbite, dotée d'une énergie $E2$, à une autre orbite, dotée d'une énergie $E1$ plus faible, l'atome émet un rayonnement (sous la forme d'un photon) d'une énergie égale à *(E2-E1)* et d'une fréquence déterminée par la formule $f = (E2-E1)/h$ (h étant encore et toujours la constante de Planck). En revanche, pour qu'un électron puisse passer d'une orbite à une autre orbite dotée d'une énergie plus grande, il faudra que l'atome absorbe un ou plusieurs photons d'une énergie exactement égale à la différence d'énergie existant entre les deux orbites.

Bohr, en expliquant pourquoi les électrons, suivant leur niveau énergétique, ne peuvent se situer que sur des orbites précises et ne peuvent passer d'une orbite à l'autre que dans des conditions énergétiques déterminées, démontre de façon très élégante, grâce aux lois de la toute nouvelle physique quantique, pourquoi un atome a une structure stable.

Conséquence directe de ces hypothèses révolutionnaires, Bohr peut expliquer les principales lois régissant le spectre des raies d'un atome, c'est-à-dire l'image physique de la répartition énergétique de son rayonnement suivant certaines fréquences, chacune de celles-ci témoignant, comme le montre la figure suivante, de la présence physique d'une orbite de l'atome où, bien sûr, tous les électrons possèdent la même énergie.

Atome avec orbites en relation avec les fréquences du spectre

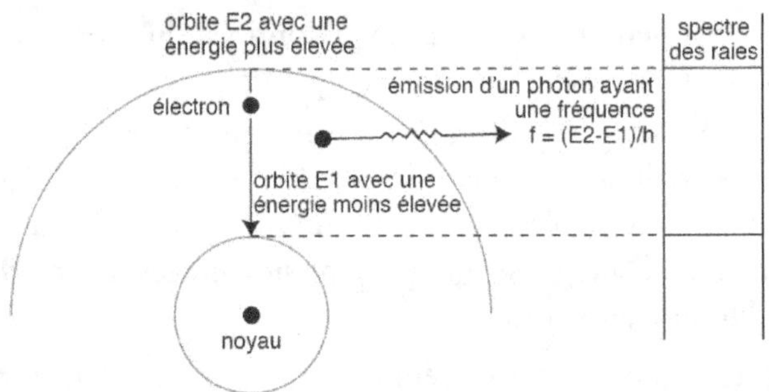

Avec cette découverte, Bohr apporte une réponse rationnelle à un mystère vieux de plus d'un siècle et demi : aucun scientifique n'avait encore pu expliquer pourquoi, ni comment, la valeur de la fréquence de chaque raie constituant le spectre d'une matière sous forme gazeuse (hydrogène, fer, hélium…) restait toujours identique.

La structure quantique de l'atome de Bohr

Pour résumer, le modèle atomique quantique de Bohr est constitué d'un noyau très massif entouré d'orbites coplanaires, circulaires et concentriques dotées d'une énergie précise, sur chacune desquelles tournoient un nombre défini d'électrons. L'orbite la plus proche du noyau, où se situe l'énergie la plus basse, est appelée « état fondamental de l'atome », contrairement aux autres orbites, appelées « états excités ».

Fin 1913, Bohr a donc pleinement atteint son objectif : construire un modèle d'atome stable en faisant appel aussi bien aux lois de la physique classique que quantique. Cette même année, ces étonnantes découvertes font l'objet de trois publications dans le journal anglais *Philosophical Magazine*.

**L'atome quantique de Bohr :
passage d'un électron d'une orbite à une autre**

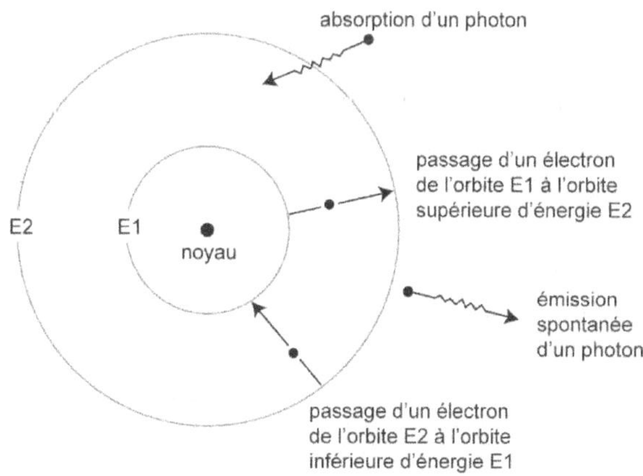

La table périodique de Mendeleïev

En 1858, pour faciliter le travail de ses étudiants en chimie organique, le chimiste russe **Dmitri Ivanovitch Mendeleïev (1834-1907)** avait établi une table périodique des éléments chimiques connus à cette époque. Il l'avait conçue empiriquement en fonction des propriétés chimiques qui se répétaient suivant certains éléments (d'où le terme « périodique »). Ainsi, suivant l'ordre croissant de leur masse (1 pour l'hydrogène, 20 pour le calcium...), il avait disposé en ligne ceux auxquels il suffit d'ajouter un électron sur l'orbite la plus externe pour passer à l'élément suivant, et en colonne ceux ayant un nombre identique d'électrons sur l'orbite externe.

Très petite partie de la table de Mendeleïev

1	2	3	4	5	6	7	8	9	10	11	12	13	14	15	16	17	18
I A	II A	III B	IV B	V B	VI B	VII B	VIII B	VIII B	VIII B	I B	III B	III A	IV A	V A	VI A	VII A	VIII A
1 H																	2 He
3 Li	4 Be											5 B	6 C	7 N	8 O	9 F	10 Ne
11 Na	12 Mg											13 Al	14 Si	15 P	16 S	17 Cl	18 Ar
19 K	20 Ca	21 Sc	22 Ti	23 V	24 Cr	25 Mn	26 Fe	27 Co	28 Ni	29 Cu	30 Zn	31 Ga	32 Ge	33 As	34 Se	35 Br	36 Kr

Si cette table fait toujours le bonheur des étudiants, elle a longtemps provoqué le désespoir des scientifiques, qui n'arrivaient pas à comprendre son agencement (y compris Bohr qui, au début de sa carrière, avait vainement essayé d'en donner une explication logique).

Fin 1913, après avoir conçu son modèle d'atome, il lui est facile de donner une première explication rationnelle de l'architecture de cette table. Il commence par calculer le nombre d'électrons situés sur chaque orbite d'un atome en utilisant une formule trouvée empiriquement : $2n^2$ (n étant le numéro de l'orbite, nous trouvons

2 électrons pour la première orbite, 8 pour la deuxième, 18 pour la troisième…). Il peut alors affirmer que les propriétés chimiques mais aussi physiques des atomes figurant dans la table de Mendeleïev sont liées au degré de remplissage des électrons dans une orbite, notamment la plus externe. Ainsi, si cette dernière est entièrement remplie, on a un élément très stable, et moins elle est remplie, plus elle est instable, l'atome ayant tendance à interagir plus ou moins fortement avec d'autres atomes pour former une molécule en échangeant des électrons.

Bohr, en donnant une explication à la fois rationnelle et claire de la position des éléments dans la table de Mendeleïev, a été le premier à rapprocher la chimie de la physique, réalisant ainsi le rêve de bon nombre de scientifiques de l'époque.

D'autres raies du spectre s'invitent

Très rapidement, les scientifiques s'aperçoivent que le modèle d'atome de Bohr n'est pas tout à fait conforme à la réalité expérimentale. Cela n'a rien d'anormal : il avait été construit en s'appuyant d'une part sur des lois de la physique classique et de la physique quantique, et d'autre part sur l'atome le plus simple : l'hydrogène. De nouveaux outils d'investigation plus précis permettent de découvrir que les raies du spectre de l'atome d'hydrogène sont beaucoup plus nombreuses que les quatre supposées initialement, prouvant ainsi qu'il existe pour les électrons d'autres états énergétiques (rappelons qu'une raie de spectre est le reflet de la présence physique d'une orbite d'atome dotée d'une énergie déterminée). Cela amena plus tard Bohr à considérer que son modèle coplanaire n'avait plus lieu d'exister : il doit être remplacé par un modèle dont les orbites peuvent s'orienter dans toutes les directions spatiales (à 360 degrés).

Les orbites elliptiques

En 1915, le physicien allemand **Arnold Sommerfeld (1868-1951)** découvre de nouvelles raies spectrales, témoignant ainsi de la présence d'autres orbites possédant des énergies différentes, et les explique par une dégénérescence occasionnelle de l'énergie de l'électron. En se fiant à l'analogie faite par Bohr entre le système solaire et son atome, il s'inspire de la découverte de l'astronome **Kepler** (la majorité des trajectoires des planètes autour du Soleil sont elliptiques) pour émettre l'hypothèse que certaines orbites d'un atome seraient elliptiques. Il peut alors décrire ces orbites en ajoutant à n (numéro de l'orbite) un second nombre quantique k (première lettre de Kepler) qui prend lui aussi comme valeur des nombres entiers multiples de $h/2\pi$. L'utilisation de ces deux nombres quantiques (n et k) est obligatoire car, pour décrire une ellipse, il faut deux nombres, liés respectivement aux longueurs de ses deux axes (petit et grand). Ainsi, si $k = 0$, l'orbite est forcément circulaire.

Orbites elliptiques de Sommerfeld

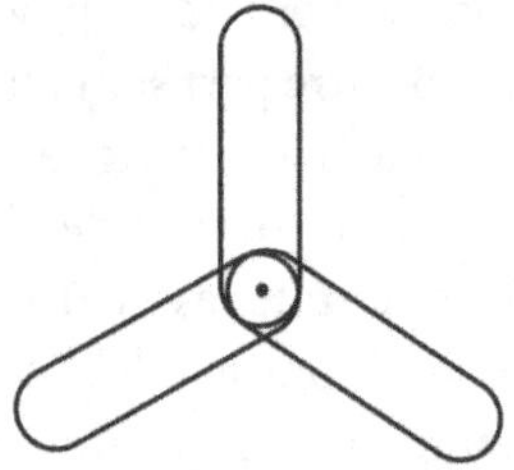

Le troisième nombre quantique

Si un atome est placé dans un champ électrique (« effet Stark », du physicien allemand **Johannes Stark (1874-1957)**, prix Nobel 1919) ou dans un champ magnétique peu intense (« effet Zeeman normal », du physicien néerlandais **Pieter Zeeman (1865-1943)**, prix Nobel 1902), certaines raies d'un spectre, en s'élargissant peu à peu, se subdivisent en trois raies spectrales. Personne n'avait pu jusque-là expliquer ce phénomène, connu depuis la fin du XIXe siècle.

Une raie du spectre se subdivise en trois

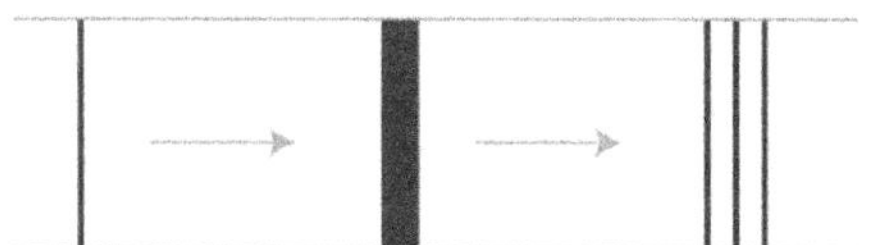

Pour comprendre, Sommerfeld, en s'appuyant sur les travaux de Bohr, émet en 1916 l'idée suivante : quand un atome est immergé dans un champ électromagnétique extérieur, un électron excité (qui change d'orbite) a le choix entre plusieurs orbites ; or, celles-ci (circulaires ou elliptiques) sont forcément orientées différemment (au sens spatial du terme). Ce phénomène crée de nouvelles orbites, chacune forcément dotée d'une énergie différente, d'où l'apparition de raies spectrales supplémentaires. Pour prendre en compte ce phénomène, Sommerfeld crée un troisième nombre quantique (m, lui aussi multiple de $h/2\pi$).

Les travaux de Sommerfeld sont d'un très grand intérêt : ils confirment et améliorent les travaux de Bohr et le bien-fondé des nouvelles lois de la balbutiante physique quantique, sans parler de la théorie sur la relativité restreinte d'Einstein dont ils s'inspirent.

Le « spin » : le quatrième nombre quantique

En 1898, le physicien Zeeman place un atome dans un champ magnétique, cette fois-ci très intense (c'est l'« effet Zeeman anormal »). Dans ce contexte expérimental, certaines raies du spectre se subdivisent non pas en trois, mais en quatre raies, soit toutes contiguës, soit contiguës deux par deux.

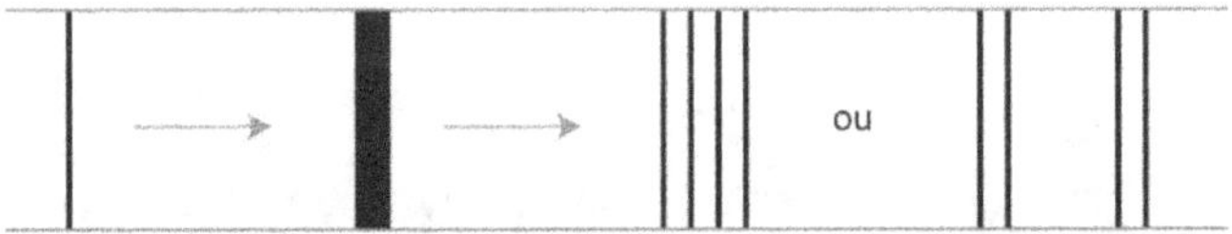

Une raie, en s'élargissant, donne quatre raies contiguës ou deux fois deux raies.

Manifestement, pour expliquer ce phénomène révélateur de nouvelles énergies, donc d'autres orbites différentes, il faut trouver un quatrième nombre quantique. Cela plonge les scientifiques dans une grande perplexité, y compris Sommerfeld !

Heureusement, le renommé physicien suisse **Wolfgang Pauli (1900-1958)** émet, après deux années de réflexion et de collaboration avec Bohr à Copenhague (1922-1923), une hypothèse étonnante mais juste : comme la Terre tourne autour de son axe, l'électron tourne autour du noyau ! Pauli s'associe à Bohr et Rutherford qui imaginèrent, dans un élan mystique, que la structure d'un atome (infiniment petit) pouvait être le reflet du système solaire avec son cortège de planètes (infiniment grand) et à Sommerfeld avec ses orbites elliptiques. Toutes ces analogies « planétaires » donneraient à réfléchir au plus cartésien !

Cette audacieuse hypothèse permet à Pauli de doter l'électron d'une autre caractéristique physique intrinsèque (comme sa masse, sa dimension…) appelée « spin » (de l'anglais *to spin*, « tournoyer »). Cependant, l'électron, en tournant sur lui-même, ne se positionne que dans deux directions différentes (vers le haut ou vers le bas). Ainsi naît le quatrième nombre quantique, explicitant deux nouveaux états énergétiques (reflétés par les raies spectrales de « l'effet Zeeman anormal ») ne pouvant prendre que deux valeurs possibles : la moitié du nombre quantique ($h/2\pi$), soit $+\frac{1}{2}h/2\pi$ ou $-\frac{1}{2}h/2\pi$ pour chacun des deux spins (haut et bas), suivant le sens de la rotation.

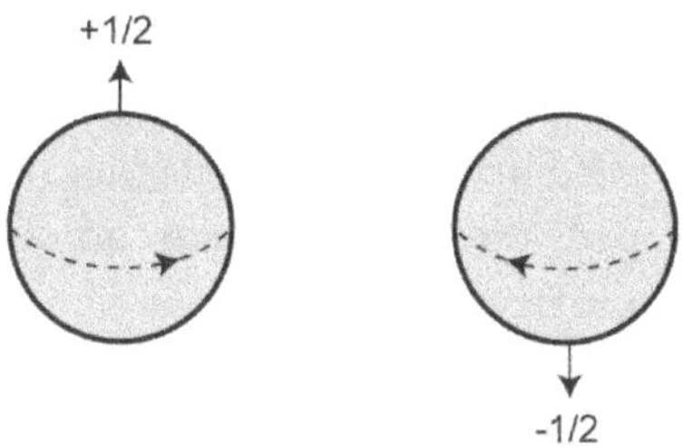

Il faut donc quatre nombres quantiques pour parfaitement définir un atome :

- la position de l'orbite *(n)* découvert par Bohr,
- la forme de l'orbite *(k)* de Sommerfeld,
- la direction de l'orbite *(m)* de Sommerfeld,
- l'orientation du spin *(s)* de Pauli.

Le principe d'exclusion

Ayant découvert le spin, Pauli peut expliquer pourquoi les électrons d'un atome ne se réfugient pas tous sur l'orbite la plus proche du noyau dans un état fondamental (ce qui semblerait pourtant logique puisque, comme nous l'avons souligné, elle possède l'énergie la plus basse de l'atome). Pour cela, il part de l'hypothèse suivante : dans un atome, il ne peut pas exister deux électrons aux caractéristiques quantiques identiques (valeurs identiques des quatre nombres quantiques). Si ce cas se produit, l'électron doit trouver une place sur une autre orbite non saturée (pour que la valeur de n change automatiquement). Ce principe d'exclusion permet aux électrons de se répartir harmonieusement sur toutes les orbites de l'atome, permettant à ce dernier d'avoir une structure plus solide, donc plus pérenne.

Taux de remplissage des différentes orbites

Grâce à son principe d'exclusion, Pauli peut expliquer pourquoi chaque orbite d'un atome possède toujours le même nombre d'électrons. Par exemple, pour l'orbite la plus basse, *n = 1* : la forme *k* de l'orbite ne peut être que circulaire ou elliptique, donc il ne peut exister qu'un état énergétique possible *(k = 1)* ; de ce fait, la direction *m* de l'orbite ne génère pas d'état différent *(m = 0)* ; quant au spin *s*, il ne peut générer qu'un seul état *(s = 1)*. Sur cette orbite ne peuvent donc se déplacer que deux électrons, au maximum : *(n = 1) + (s = 1) = 2*. Pour la deuxième orbite *(n = 2)*, avec le même raisonnement, on trouverait huit électrons.

Pauli démontre ainsi que le nombre maximal d'électrons pouvant tournoyer sur une orbite *n* peut se calculer très facilement par la formule *$2n^2$*.

Rappelons que Bohr, quelques années auparavant, était arrivé au même résultat, mais de façon intuitive, donc empirique. Bohr a apporté une contribution très importante à la physique quantique en créant, grâce aux travaux de Planck et d'Einstein (pour les quanta), le premier modèle d'atome crédible. Cependant, vers les années 1920, il comprend que son modèle atomique de 1913 ne correspond certainement pas à la réalité physique : il a l'intuition que la notion d'orbite où circulent les électrons doit disparaître, et pense qu'un électron ne peut être localisé matériellement que suivant son niveau d'énergie. Les découvertes futures, notamment celles de Schrödinger, lui donneront raison.

En 1922, Bohr sera récompensé par le prix Nobel de physique.

Contrairement à Einstein, chercheur solitaire, Bohr ne peut s'épanouir que dans un contexte de travail convivial, toujours entouré de chercheurs en général bruyants, blagueurs, et si possible sportifs. Il fut le premier directeur de recherche universitaire moderne, surtout après 1921, lorsqu'il devint directeur à vie de l'Institut de physique théorique qu'il avait fondé à Copenhague. Dans une ambiance à la fois décontractée et souriante mais toujours studieuse, il sut être à la fois un administrateur très politique, un très bon professeur et l'un des plus grands chercheurs théoriciens du XXe siècle.

Durant toute sa vie active, il joua un rôle prépondérant dans le développement de la physique quantique. Dans son institut, il créa de nombreux stages, colloques et séminaires où se retrouvaient volontiers les chercheurs européens pour débattre avec enthousiasme et passion des dernières avancées théoriques. Ses efforts constants ont beaucoup apporté à la progression de la toute nouvelle physique quantique.

Seule ombre à ce tableau idyllique : sa rupture intellectuelle avec Einstein, dans les années 1930. Leur amitié perdura, mais Einstein ne put jamais accepter qu'une théorie physique fût probabiliste ; pour lui, elle ne pouvait être que déterministe. L'avenir lui démontra le contraire !

Apport de Bohr à l'élaboration de la physique quantique

Bohr, en 1913, s'appuyant sur les travaux de Rutherford et d'Einstein, crée le premier modèle quantique cohérent de l'atome.

La structure globale de ce dernier (électrons tournant autour du noyau sur des orbites circulaires possédant chacune une énergie précise) et l'explication du passage d'un électron d'une orbite à une autre lui permettent d'une part d'expliquer comment la lumière (et plus généralement, un rayonnement électromagnétique) est émise par la matière, et d'autre part de résoudre deux énigmes scientifiques vieilles de presque un siècle : les spectres des atomes et la table périodique des éléments chimiques de Mendeleïev.

Ce modèle atomique, malgré ses défauts, a permis des découvertes très importantes :

- le spin des électrons et le principe d'exclusion (par Pauli),
- le laser et le cinquième état de la matière (par Einstein).

DEUXIÈME PÉRIODE
(1922-1927)

LA NOUVELLE PHYSIQUE QUANTIQUE

CHAPITRE 4

LOUIS DE BROGLIE (1892-1987)

Au programme

- La composition de la lumière
- L'onde de matière, ou onde pilote
- De Broglie, savant hors pair de transition

Paradoxalement, le célèbre physicien français Louis de Broglie commence par faire des études de droit. Cependant, grand lecteur de publications scientifiques, il se passionne pour les découvertes de Planck et d'Einstein sur les quanta et finit par se bâtir une carrière de chercheur théorique, indépendant et solitaire dans le domaine de la physique quantique, allant jusqu'à obtenir le prix Nobel de physique en 1929, un siège à l'académie des Sciences en 1933 et un à l'Académie française en 1944.

Dans sa thèse, « Recherche sur la théorie des quanta », soutenue à Paris le 25 novembre 1924, il ose émettre deux hypothèses ahurissantes pour l'époque. La première : en partant des travaux d'Einstein démontrant que la lumière peut être à la fois ondulatoire et corpusculaire (composée de quanta de lumière, ou photons), il élargit ce principe à toutes les particules de matière (électron, proton...). La seconde : selon lui, toute particule de matière doit être associée à une onde, qu'il appelle « onde de matière » ou « onde pilote ».

Les membres du jury universitaire sont tellement déconcertés par ses arguments (auxquels ils ne comprennent rien) qu'ils réclament, par l'intermédiaire du physicien français **Paul Langevin (1872-1946)**, l'avis d'Einstein – ont-ils affaire à un farfelu ou à un génie ? Einstein écrit alors : « Il a soulevé un coin du grand voile… ». Cette phrase, très gratifiante pour de Broglie, n'aide pas les membres du jury à mieux comprendre mais les rassure suffisamment : ils lui accordent, presque en cachette, sa thèse avec félicitations !

Pour mieux comprendre la phrase d'Einstein, il nous faut revenir à l'Antiquité.

La composition de la lumière

Il est très émouvant de distinguer clairement sur une stèle égyptienne datant d'environ mille ans avant notre ère le dieu Soleil baignant la Terre de rayons lumineux constitués de fleurs de lys aux multiples couleurs (assimilables à des particules).

Plus près de nous, le physicien et mathématicien français **René Descartes (1596-1650)**, pour expliquer comment les rayons lumineux se comportent lorsqu'ils heurtent un obstacle, pense, comme les Égyptiens, que la lumière est formée de particules. Peu après, l'incontournable **Isaac Newton (1642-1727)** est le premier grand savant à étudier et à comprendre la composition de la lumière. Pour lui, la lumière est composée d'une infinité de petites particules qui se propagent instantanément en ligne droite. De plus, par deux expériences novatrices à l'époque, il démontre qu'elle se décompose en sept couleurs élémentaires (rouge, orange, jaune, vert, indigo, bleu, violet).

Par ailleurs, dès le début du xviiie siècle, l'étude des mouvements des cordes vibrantes d'un instrument de musique accélère les recherches dans la compréhension des mouvements des ondes en général. Ces mouvements sont étudiés et décrits grâce à de nouveaux outils mathématiques, par de nombreux savants célèbres, dont les Suisses **Jean Bernoulli (1667-1748)** et **Leonhard Euler (1707-1783)** et le Français **Jean d'Alembert (1717-1783)**.

C'est dans ce contexte que le médecin et physicien anglais **Thomas Young (1773-1829)** comprend que la propagation de la lumière peut être assimilée à celle des ondes sonores. Cette idée contredit Newton en démontrant que la lumière peut se propager en suivant une onde. La célèbre expérience à l'origine de cette affirmation, dite « des fentes de Young », est très simple à réaliser. Une source lumineuse éclaire un panneau dans lequel deux petites fentes étroites, verticales ou horizontales, très proches l'une de l'autre, sont effectuées. Si on dispose derrière ce panneau, à une courte distance, un autre panneau parallèle au premier, on voit se former sur le second une succession de raies alternativement blanches et noires, appelées « franges d'interférence », qui révèlent de façon certaine le comportement ondulatoire de la lumière.

L'expérience de Young

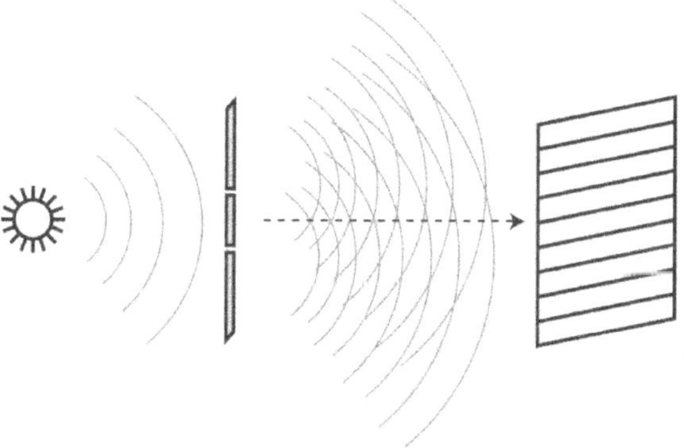

Que la lumière blanche donne des raies blanches, rien de plus normal, mais qu'elle puisse en même temps donner des raies noires (prouvant l'*inexistence* de la présence d'un rayon lumineux) est incompréhensible. Mais ces résultats étranges peuvent s'expliquer facilement si on admet que la lumière se propage comme une onde. Essayons d'en donner une explication simple.

Vous êtes avec un ami sur un pont enjambant un petit étang dont l'eau est parfaitement immobile. Votre ami se tient à quelques mètres de vous, chacun tient une pierre en main. À un signal donné, vous laissez tomber simultanément dans l'eau les deux pierres. Chaque pierre va générer des ondes, sous la forme de vaguelettes. Lorsqu'une vaguelette en position basse, déclenchée par une pierre, en rencontre une autre en position haute, déclenchée par l'autre pierre, leurs amplitudes s'annulent mutuellement, et la surface de l'eau reste plate. Ce phénomène est représenté par une raie noire dans l'expérience de Young. Les autres croisements de vaguelettes génèrent des ondes dont l'amplitude sera la somme de chacune des deux vaguelettes. Ce phénomène est représenté par autant de raies blanches. Ces deux phénomènes distincts peuvent être mieux compris grâce aux figures suivantes.

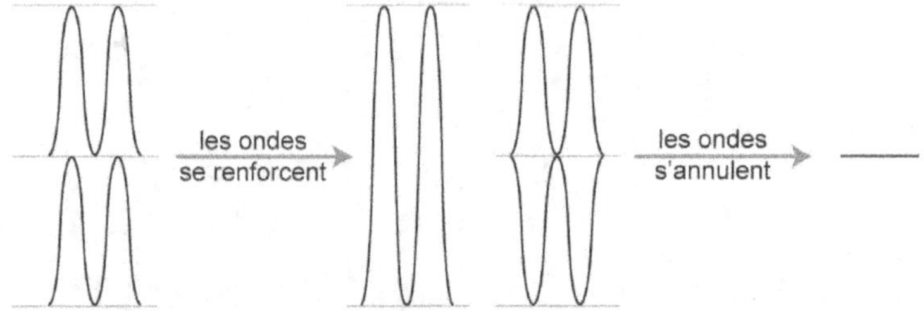

Young reproduit l'expérience avec chacune des couleurs dont il sait qu'elles composent la lumière, et retrouve le même phénomène d'interférence pour chacune d'elles. Il vient d'effectuer une découverte importante : chacune des sept couleurs du spectre lumineux possède une longueur d'onde propre, dont le « mixage » redonne une couleur blanche.

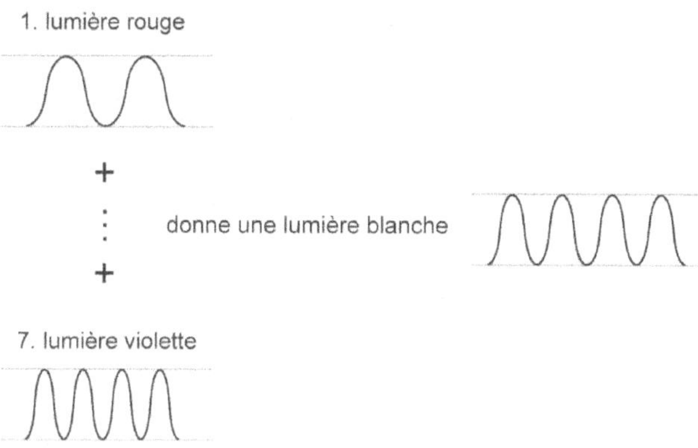

Peu après, le physicien et mathématicien français **Augustin Fresnel (1788-1827)** formalise les travaux de Young à l'aide d'outils mathématiques inconnus de ce dernier, démontrant que la lumière est une onde qui se propage à une très grande vitesse.

Suite aux expériences de Newton, de Young et de Fresnel, demeurait plus que jamais en suspens la question fondamentale : la lumière est-elle une onde (phénomène continu) ou un phénomène corpusculaire (phénomène discontinu) ? Cette interrogation va susciter durant presque deux siècles de houleuses discussions, dont vous connaissez la conclusion : en 1905, Einstein découvre, grâce à l'explication de l'effet photoélectrique, que la lumière peut avoir, suivant les circonstances, un comportement soit ondulatoire, soit corpusculaire, reflétant son caractère dual incompréhensible.

L'onde de matière, ou onde pilote

Dès 1923, de Broglie pense que l'on peut associer à toute particule matérielle (notamment l'électron, considéré, depuis sa découverte par Thomson, comme un petit grain de matière) une « onde de matière » qui, en quelque sorte, « guide » l'électron, lui permettant de se comporter comme une onde. En s'appuyant sur les travaux d'Einstein, de Broglie effectue une étonnante démonstration, ici quelque peu simplifiée.

Partons de la formule $E = mc^2$, qui donne $E = (mc)c$. Comme une masse multipliée par sa vitesse représente la quantité de mouvement p, on peut dire que celle d'un électron est égale à pc, ainsi $E = pc$.

Or, la vitesse c de la lumière est égale à la fréquence de son onde f multipliée par la longueur λ de celle-ci ; nous pouvons donc écrire $E = p(f\lambda)$.

Par ailleurs, on sait, grâce à Einstein, que l'énergie E est égale à hf (h constante de Planck), d'où : $hf = pf\lambda$, ce qui entraîne $h = p\lambda$. Ainsi, on peut associer à tout électron une onde de longueur $\lambda = h/p$ ou $\lambda = h/mv$ (v étant la vitesse de l'électron, environ cent fois moins élevée que celle de la lumière).

De Broglie démontre ainsi qu'un électron, bien qu'étant une particule de matière, peut aussi se comporter comme une onde ayant comme longueur la constante de Planck, divisée par sa quantité de mouvement. C'est ce que l'on nomme depuis cette époque la « longueur d'onde de Louis de Broglie ».

La vérification matérielle de cette onde de matière est faite par hasard, en 1927, par deux physiciens américains, **Clinton Joseph Davisson (1881-1958)** et son collaborateur **Lester Germer (1896-1971)**. En bombardant des cristaux de nickel avec des électrons, ils voient apparaître sur leur écran de réception des phénomènes de diffraction (sous forme de ronds concentriques) révélateurs de la présence d'ondes (voir figure ci-dessous). Ces expériences, qui leur vaudront le prix Nobel en 1937, apportèrent la première preuve du bien-fondé des hypothèses émises par de Broglie.

Phénomène de diffraction sous forme de ronds concentriques

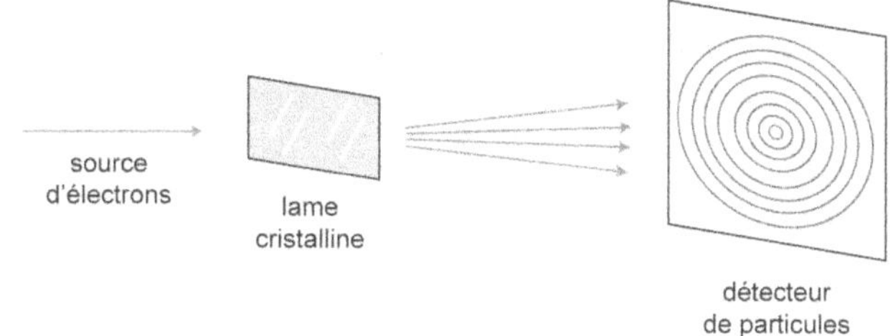

Deux ans plus tard, le physicien britannique **George Paget Thomson (1892-1975)**, lui aussi prix Nobel de physique en 1937, confirmera la présence de cette diffraction grâce à une expérience basée sur le même principe, mais utilisant une feuille d'or dans laquelle sont confinés des cristaux. Caprice de l'histoire scientifique, son propre père, exactement trente ans auparavant, avait démontré le contraire, à savoir que l'électron était une particule !

Grâce à sa géniale intuition, de Broglie a apporté la preuve matérielle irréfutable que les particules de matière peuvent avoir un caractère ondulatoire : dans le monde microscopique, tout est à la fois onde et particule. Il donne par la même occasion entièrement raison à Einstein qui, en 1905, avait le premier cru en la dualité de la lumière. Ces travaux ont par ailleurs permis de déterminer une frontière entre les mondes macroscopique et microscopique. En effet, dans la formule $\lambda = h/mv$, la constante h de Planck étant très petite (de l'ordre de $6{,}6 \times 10^{-34}$), la longueur d'onde ne peut être détectable physiquement que si la masse m est très petite (c'est le cas de l'électron, qui a une masse de 9×10^{-28}). Dans le monde macroscopique, même si la masse d'un corps n'est que d'un milligramme, la longueur de l'onde λ qui lui est associée serait de l'ordre de 10^{-16}, donc très difficilement détectable.

Soulignons que, depuis 1925, toutes les expériences mettant en jeu toutes sortes de particules, d'atomes et même certaines molécules ont totalement confirmé la découverte de Louis de Broglie. La plus spectaculaire date de 1997 : de très gros fullerènes, ces molécules ayant la forme d'un ballon de football composées de 60 atomes de carbone, ont été utilisés. Même dans ce contexte insolite, la longueur d'onde de matière associée à cette molécule s'est révélée conforme à sa théorie.

Orbites rigides devenues ondes

Pour pouvoir affirmer que toute particule est associée à une onde, il faut d'abord démontrer que la particule et l'onde suivent la même direction et, mieux, le même chemin. Pour cela, de Broglie a l'heureuse idée d'utiliser conjointement deux principes vieux de trois siècles qui, théoriquement, n'ont aucun rapport : ceux des mathématiciens français **Pierre de Fermat (1601-1665)** et **Pierre Louis Moreau de Maupertuis (1698-1759)**. Très schématiquement, on peut dire que le premier démontre qu'une onde lumineuse emprunte toujours le trajet qui la favorise pour aller le plus rapidement possible d'un point à un autre. Le second, appelé « principe de moindre action », fait une démonstration quasi identique, mais avec une particule matérielle.

De Broglie démontre alors que les trajectoires d'une onde et d'une particule d'un point à un autre sont pratiquement les mêmes. Ainsi, une particule obéit à la fois aux lois de l'optique (ce qui explique notamment le comportement des ondes lumineuses) et aux lois de la mécanique classique (ce qui permet de calculer les mouvements des objets matériels, donc des particules). Il peut alors affirmer, conséquence immédiate de l'existence de son onde pilote, que l'orbite d'un atome (voir figures ci-dessous) peut être représentée par une onde périodique stationnaire circulaire fermée.

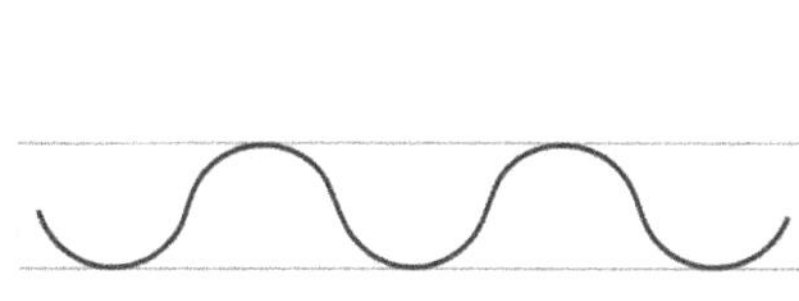

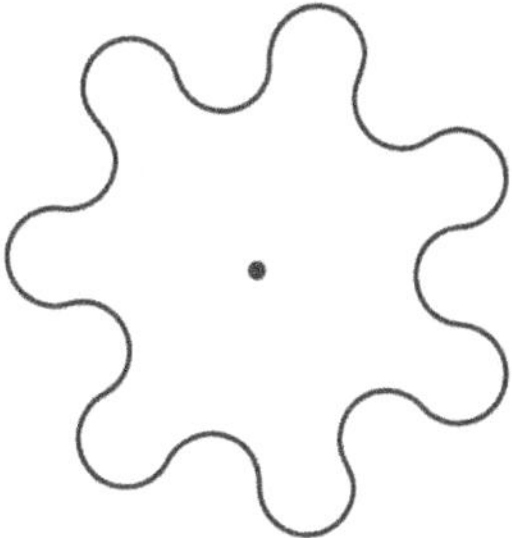

Dans ce contexte particulier, seules les ondes possédant une certaine longueur sont permises, puisque dans l'atome de Bohr, les électrons tournoient autour du noyau sur des orbites dotées de rayons r de longueurs différentes. Cela implique que l'onde pilote périodique stationnaire, dotée d'une longueur totale égale à **$2\pi r$**, a forcément un nombre déterminé d'ondes périodiques stationnaires égal à **$2\pi r / \lambda$** (longueur d'onde de l'onde périodique stationnaire). Dans la figure suivante, nous en avons quatre.

Exemple d'une orbite d'un atome de De Broglie

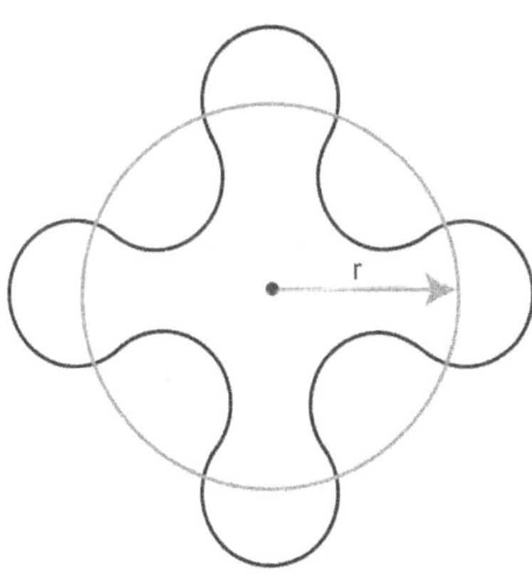

Souvenons-nous que Bohr avait émis un postulat quantique, qu'il n'avait donc pas su démontrer, stipulant que, lorsqu'un électron quittait son orbite initiale pour se positionner sur une autre orbite (dite « excitée »), son mouvement angulaire (ou sa quantité de mouvement) changeait forcément d'un facteur de $h/2\pi$ (rayon plus petit ou plus grand). Ainsi pouvait-il calculer le mouvement angulaire d'un électron en train de changer d'orbite grâce à la formule $mvr = n(h/2\pi)$ avec n = 1 ou 2 ou 3… (nombre quantique lié à une orbite).

De Broglie, grâce à son hypothèse précédente, se fait un jeu de transformer ce postulat en une certitude. En voici la démonstration en quatre étapes très simples à comprendre :

- Soit, pour une orbite n, nb le nombre d'ondes dotées chacune d'une longueur λ. On peut alors écrire $2\pi r = nb\lambda$.

- Dans l'équation précédente, on remplace λ (longueur d'onde trouvée par de Broglie) par h/mv, ce qui donne la formule suivante : $2\pi r = nb(h/mv)$.

- On divise ensuite les deux membres de l'équation précédente par 2π, obtenant alors la formule suivante : $r = nb(h/mv \times 2\pi)$.

- Enfin, on peut multiplier les deux membres de l'équation par mv, ce qui nous ramène bien à la formule trouvée intuitivement par Bohr : $mvr = n(h/2\pi)$ (en remplaçant nb par n, puisque nb est un nombre entier multiple de n, numéro de l'orbite).

De Broglie donne donc une image de l'atome et des électrons radicalement différente de celle de Bohr. Pour chaque orbite de l'atome, les électrons ne sont plus simplement des particules mais aussi des ondes reliées aux deux extrémités et vibrant régulièrement suivant une fréquence déterminée qui est, dans la réalité, l'expression d'un certain niveau d'énergie. Le passage d'un électron d'une orbite à une autre se fait ainsi simplement par une modification de la fréquence de l'onde, synonyme d'une énergie différente. Finis donc les sauts quantiques des électrons, en tant que particules, entre deux orbites circulaires contiguës !

Ainsi, au fil de découvertes de plus en plus déconcertantes effectuées dans le monde microscopique, on s'éloigne de plus en plus de la réalité macroscopique humaine. Et ce n'est pas fini ! Rappelons que Bohr avait déjà un peu anticipé ce changement extraordinaire puisque, en 1920, il savait très bien que la structure de son atome, conçue en 1913, ne correspondait pas à la réalité physique ; hélas, il n'avait alors pas d'autre hypothèse à proposer.

Caractéristiques de l'onde pilote

De Broglie a donc interprété une orbite de l'atome de Bohr comme étant une onde particulière. Puisqu'un rayon lumineux est composé de plusieurs ondes aux fréquences différentes, cette onde de matière (ou onde pilote) associée à un électron ne peut pas être une onde unique se propageant indéfiniment dans l'espace : elle doit être un ensemble d'ondes superposées, que de Broglie appelle « paquet d'ondes » ou « train d'ondes » (voir figure suivante), se propageant de façon linéaire, et, bien entendu, « guidant » l'électron dans son déplacement. Chaque onde, se déplaçant à une vitesse légèrement différente, a donc une longueur légèrement différente mais restant comprise entre deux valeurs (maximum et minimum) encadrant la longueur d'onde $\lambda = h/mv$ de l'onde de matière associée originelle. Or, dans ce contexte particulier où les ondes sont un peu décalées (puisque ayant des fréquences différentes), beaucoup d'entre elles disparaissent à n'importe quel endroit géographique de la trajectoire suivie, les crêtes et les creux s'annulant, tandis que d'autres se superposent, provoquant en un endroit géographique unique un pic ou renflement important. Cela est dû au fait que toutes les ondes de fréquences différentes qui composent le paquet d'ondes sont en phase.

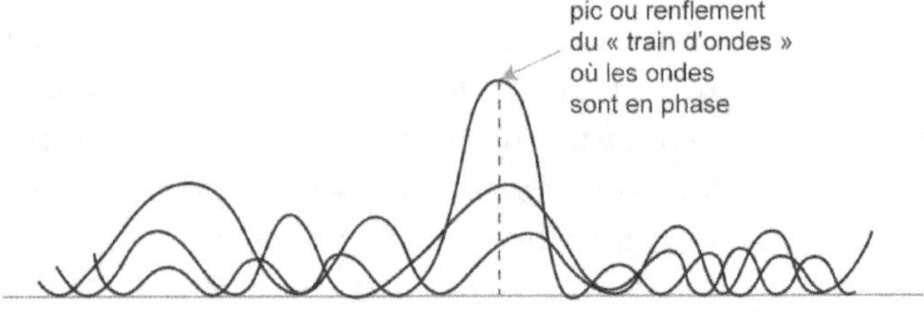

De Broglie en déduit qu'il existe non pas une, mais deux vitesses liées à l'onde de matière : une vitesse de phase (v_p) attachée à chaque onde du paquet d'ondes, et une vitesse de groupe (v_g) attachée à l'onde qui « enveloppe » l'ensemble des ondes formant le train d'ondes. Cette vitesse de groupe est celle à laquelle se déplace le pic, ou renflement, décrit précédemment.

Les vitesses de phase et de groupe de De Broglie

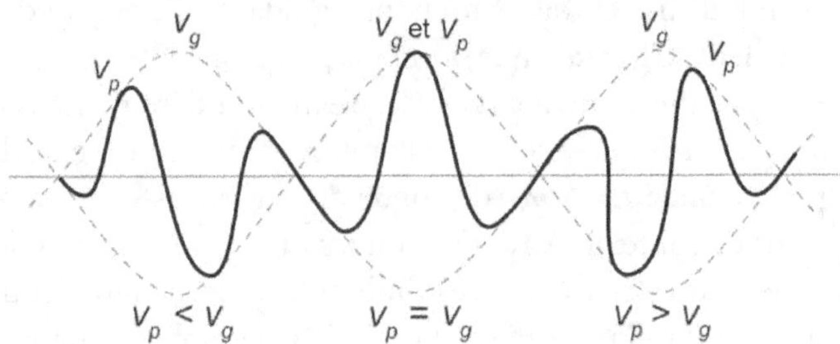

Ensuite, il en déduit que la vitesse de l'électron est liée à la vitesse de groupe du train d'ondes au niveau du pic de ce train (voir ci-dessus). Puis, en partant du fait que la superposition de plusieurs ondes ayant des fréquences peu différentes génère toujours une impulsion au niveau du renflement (synonyme de la présence d'une particule matérielle), il peut calculer toutes les caractéristiques mécaniques de l'électron (vitesse, poids, énergie…).

Par ses hypothèses, de Broglie crée un véritable séisme scientifique : dans le monde de l'infiniment petit, les électrons, et plus généralement les particules de matière, ne sont plus seulement de très petits grains sphériques, mais aussi des ondes !

De Broglie, savant hors pair de transition

Louis de Broglie doit donc en partie sa notoriété et son prix Nobel (au demeurant tout à fait mérités) à une sorte de « jonglerie » algébrique effectuée après une géniale intuition déductive qui l'amena à relier plusieurs formules mathématiques qui, théoriquement, n'avaient aucun rapport. Mais une telle démarche n'était-elle pas la mieux adaptée à cet étrange rayon lumineux qui se comporte parfois comme une onde, parfois comme une particule ?

En démontrant que les ondes règnent en « maîtresses » dans le monde de l'infiniment petit, Louis de Broglie est devenu le père fondateur de la mécanique ondulatoire que Schrödinger, on va le voir, se fera un plaisir de développer tout en la formalisant. Son génie a permis d'établir la physique quantique comme une physique indépendante, se nourrissant de ses propres lois et totalement émancipée de la physique classique. En effet, si Planck, Einstein et Bohr ont été ses pères fondateurs, ils n'ont pas pu la désassocier complètement des lois de la physique classique. Grâce aux travaux de Louis de Broglie, les savants qui le suivront seront des physiciens quantistes à part entière. Ils expliqueront leurs découvertes par des concepts quantiques de plus en plus difficiles à appréhender, rompant totalement avec une physique déterministe (faite pour un monde macroscopique) et adoptant une physique probabiliste (faite pour un monde microscopique). Einstein, écœuré, finira par abandonner cet enfant devenu incompréhensible.

Tout comme Einstein, de Broglie n'eut ni maître ni élève. De même, après les découvertes évoquées ici, il n'apportera plus de contribution significative à la physique quantique, cherchant plutôt avec acharnement à établir certaines théories qui se révèleront fausses, par exemple que le photon possède une masse, ce qui est bien sûr contraire à la loi de la relativité restreinte d'Einstein.

De Broglie, en 1924, s'appuyant surtout sur les travaux d'Einstein, démontre que toute particule, de matière ou pas (électron, proton...), est associée à une onde, qu'il appelle « onde de matière » ou « onde pilote », et dont on peut calculer la longueur. Toute particule de matière est donc dotée d'un caractère à la fois ondulatoire et corpusculaire. Cela lui permet d'affirmer que les orbites rigides de Bohr ne sont en réalité que des ondes périodiques stationnaires circulaires.

De Broglie, grâce à ses intuitions géniales, a permis l'éclosion des formalismes mathématiques développés plus tard par Schrödinger et Dirac et qui deviendront, avec celui de Heisenberg, les fondements théoriques définitifs de la nouvelle physique quantique.

En 1925, une nouvelle génération de chercheurs en physique quantique apparaît, essentiellement représentée par trois jeunes physiciens qui finiront d'établir les fondements théoriques et mathématiques de leur spécialité : l'Allemand **Werner Heisenberg (1901-1976)**, l'Autrichien **Erwin Schrödinger (1887-1961)** et le Britannique **Paul Dirac (1902-1984)**. Ils seront récompensés par deux prix Nobel de physique (un pour Heisenberg seul, un pour Dirac et Schrödinger ensemble) pour leurs recherches plus qu'innovantes.

Ces trois jeunes savants, véritables « mousquetaires », sont alors, comme Einstein vingt ans auparavant, des révolutionnaires scientifiques qui, par leurs remarquables découvertes mathématiques, ancreront définitivement la physique quantique dans le paysage scientifique du XXe siècle. On l'appelle d'ailleurs généralement la « nouvelle » physique quantique, pour la différencier de celle initiée par Planck, Einstein et Bohr, appelée communément l'« ancienne » physique quantique.

Fait unique dans l'histoire des sciences : en un an, de juin 1925 à juin 1926, chacun d'eux publie des travaux de recherches théoriques étayés par des formalismes mathématiques distincts, complètement indépendants, représentant trois théories qui décrivent une même physique quantique, et qui se révéleront équivalentes. D'abord, Heisenberg avec sa mécanique matricielle, appuyée sur les travaux de Bohr, puis Schrödinger et sa mécanique ondulatoire, qui formalise complètement celle, alors encore embryonnaire, de Louis de Broglie, et enfin Dirac avec son algèbre quantique, qui unifiera les travaux de Heisenberg et de Schrödinger grâce à un formalisme mathématique plus complet.

Avec eux, aucune représentation graphique, aucune image possible du monde réel de l'infiniment petit : rien que des formules mathématiques arides, basées sur d'importants calculs de probabilités et développées dans le contexte d'un langage hermétique. Paradoxe suprême : dans ce monde microscopique, leurs formalismes mathématiques ne décrivent pas les événements au moment où ils se produisent, ce qui est toujours le cas dans le contexte de la physique classique, mais prédisent, avec une certaine probabilité, quand ils peuvent se produire. Cette démarche nous dit donc : à partir de telle ou telle hypothèse, nous pouvons nous attendre à avoir tel ou tel résultat avec une certaine probabilité ; par exemple, avec un atome déterminé, pour une température donnée, nous avons un certain pourcentage de chances d'avoir une émission stimulée de photons.

WERNER HEISENBERG (1901-1976)

Au programme

- L'atome de Bohr, objet purement mathématique
- Atome d'hydrogène et mécanique matricielle
- Le principe d'indétermination

Heisenberg, après des études secondaires brillantes, est admis en 1920 à l'université de Munich pour étudier la physique, et plus particulièrement la physique quantique, qu'il avait abordée seul au lycée. Il a la chance d'avoir comme professeur le réputé Arnold Sommerfeld. Il fait aussi la connaissance de Wolfgang Pauli, qui deviendra un indéfectible ami. Après un an d'études, Heisenberg assiste à une des conférences que Bohr organise régulièrement dans son institut de Copenhague. Sa rencontre avec Bohr sera déterminante pour son avenir de chercheur théorique, tant il est à la fois conquis par les propos de celui-ci sur la physique quantique et subjugué par sa jovialité et son charisme.

De son côté, Bohr comprend rapidement que Heisenberg, malgré son allure juvénile, a l'étoffe d'un très grand chercheur. Aussi l'invite-t-il dans sa famille et lui propose-t-il d'effectuer des travaux de recherche dans son Institut. C'est ainsi que Heisenberg devient l'élève et le collaborateur épisodique de Bohr.

L'atome de Bohr, objet purement mathématique

En 1922 et 1923, grâce à une bourse d'études de la fondation Rockefeller, Heisenberg peut travailler avec Bohr à Copenhague. Il se forge, au fil de ces deux années, une vision de l'atome de plus en plus ésotérique. Pour lui, comme les atomes et leurs constituants (noyau, électrons, orbites…) sont inobservables (il est impossible d'avoir d'eux une image matérielle), il n'y a aucune raison objective de les prendre en considération en tant qu'objets physiques. Un atome ressemble à une sorte d'oscillateur qui envoie ou réceptionne des photons suivant certaines fréquences, permettant aux électrons de passer d'un état énergétique à un autre (c'est-à-dire d'une orbite à une autre). Heisenberg assimile cette action à un « saut quantique ». Cette idée très provocatrice lui fait envisager que seul un modèle purement mathématique peut représenter l'atome, par des ensembles de valeurs numériques. On est alors très loin de l'image de l'atome de Bohr, dont l'architecture évoquait notre système solaire et son cortège de planètes tournant autour du Soleil, sur des orbites planaires concentriques immuables !

Toutes ces idées se cristallisent durant l'année 1924, alors que Heisenberg essaie de décrire un atome en prenant essentiellement en compte les seules caractéristiques physiques d'un électron (quantité de mouvement ou impulsion, position, énergie…), les fréquences et l'amplitude du rayonnement électromagnétique absorbé et émis par l'atome. Les conditions sont alors réunies pour trouver :

- une formule générale permettant de relier les quatre nombres quantiques *(n, k, m, s)* aux différents niveaux d'énergie du modèle atomique (en partant des fréquences et des amplitudes du rayonnement lumineux, composé de photons, émis ou absorbé par l'atome),

- les valeurs des différentes fréquences des raies du spectre de l'hydrogène.

En atteignant ces deux objectifs, Heisenberg réussirait un pari extraordinaire : décrire ce qui se passe dans un atome grâce à un formalisme purement mathématique.

Début 1925, compte tenu de ses qualités exceptionnelles de chercheur, le physicien allemand **Max Born (1882-1970)**, qui obtiendra le prix Nobel en 1954, permet à Heisenberg, malgré son jeune âge, d'obtenir un poste d'assistant titulaire dans son université de Göttingen. Heisenberg, travailleur infatigable, a une petite faiblesse : il est allergique au pollen. À chaque printemps, il est assailli par une rhinite. Cette année-là, il en est si gravement atteint qu'il doit, au début du mois de juin, quitter Göttingen pour se réfugier sur une île de la mer du Nord, Helgoland, très connue pour son atmosphère sans pollen. Cette île deviendra célèbre : c'est là que naîtra la très célèbre « mécanique matricielle », le premier formalisme mathématique de la nouvelle physique quantique.

Atome d'hydrogène et mécanique matricielle

En réfléchissant aux hypothèses citées plus haut, Heisenberg se heurte à une première difficulté, peu connue des physiciens de l'époque : en physique classique, pour qualifier une variable, on n'utilise généralement qu'une valeur numérique simple. Par exemple, la détermination géographique d'un point P, dans un système en coordonnées cartésiennes, peut s'écrire $P(x = 2, y = 4, z = 3)$. Or, Heisenberg comprend que, dans la description physique d'un atome, cela est trop contraignant : au lieu d'une seule valeur numérique, il lui faut un tableau de valeurs. Bien qu'il ait peu de considération pour les orbites et les électrons de Bohr, il faudra bien qu'il en tienne compte, ne serait-ce que pour les identifier : 2 atomes sur la première orbite, 8 sur la deuxième, 18 sur la troisième… Cela peut se représenter par le tableau suivant :

N° d'orbite	Nombre d'électrons
1	2
2	8
3	18
...	...

Dans la vie quotidienne, de tels tableaux sont courants : départs et arrivées des trains, distance kilométrique entre les villes… Inutile d'effectuer des opérations arithmétiques pour s'en servir. Or, Heisenberg est ici obligé de faire de telles opérations pour construire les équations mathématiques qui décrivent et formalisent son modèle atomique. Pour cela, il utilise de multiples tableaux : énergie d'un électron, position d'un électron, quantité de mouvement (ou impulsion) d'un électron, états énergétiques des différentes orbites, fréquences d'émission d'un photon quand un électron passe d'une orbite à une orbite inférieure… Par exemple :

- Les valeurs numériques des fréquences des raies du spectre d'un atome d'hydrogène (correspondant aux différentes énergies des orbites de celui-ci) seront représentées par le tableau F_{ij} suivant :

f11	f12	f13	f14	...
f21	f22	f23	f24	...
f31	f32	f33	f34	...
f41	f42	f43	f44	...
...	...	...	...	...
...	...	...	...	...

- Les différentes quantités de mouvement *(p = mv)* grâce auxquelles on peut retrouver, à un instant t, les vitesses d'un électron positionné sur une orbite dotée d'une énergie déterminée, seront représentées par le tableau P_{ij} suivant :

p11	p12	p13	p14	...
p21	p22	p23	p24	...
p31	p32	p33	p34	...
p41	p42	p43	p44	...
...	...	...	...	...
...	...	...	...	...

- Les différentes positions géographiques x_{ij}, à un instant t, d'un électron positionné sur une orbite, seront représentées par le tableau X_{ij} suivant :

x11	x12	x13	x14	...
x21	x22	x23	x24	...
x31	x32	x33	x34	...
x41	x42	x43	x44	...
...	...	...	...	...
...	...	...	...	...

Aussi, la première difficulté rencontrée par Heisenberg a été, pour construire ses équations, d'utiliser, entre ces tableaux remplis de valeurs numériques, des opérations d'addition, de soustraction, de multiplication… Il a donc tout simplement réinventé seul une ébauche très réaliste du calcul matriciel, outil mathématique déjà développé, peu avant 1900, par des mathématiciens italiens, mais pratiquement inconnu des physiciens de son époque. Un véritable exploit !

Heisenberg découvre un fait très intriguant : l'opération de multiplication entre deux tableaux n'est pas commutative, contrairement à une opération classique (2×3 est identique à 3×2). Prenons comme exemple la multiplication des deux tableaux T1 et T2 suivants, où le nombre 41 est obtenu par **$(2 \times 5) + (3 \times 1) + (4 \times 7)$** (multiplication de chacun des nombres de la première ligne de T1 par ceux de la première colonne de T2).

T1 multiplié par T2

2	3	4
8	9	0
4	5	6

×

5	6	7
1	2	3
7	8	9

=

41	50	59
49	66	83
67	82	97

T2 multiplié par T1

5	6	7
1	2	3
7	8	9

×

2	3	4
8	9	0
4	5	6

=

86	104	62
30	36	232
114	138	82

La multiplication T1 × T2 est différente de T2 × T1.

Heisenberg s'intéresse particulièrement au couple « quantité de mouvement et position géographique » (représenté plus haut par les tableaux P_{ij} et X_{ij}) ; le fait que la multiplication $\mathbf{P}_{ij} \times \mathbf{X}_{ij}$ soit différente de $\mathbf{X}_{ij} \times \mathbf{P}_{ij}$ doit être représentatif, dans le monde microscopique, d'une propriété fondamentale qu'il se doit de découvrir. D'autant plus que cette différence *($P_{ij} \times X_{ij} - X_{ij} \times P_{ij} = h/2\pi$)*, comportant la constante *h* de Planck, est identique à la différence de la valeur du mouvement angulaire d'un électron quand, dans un atome, celui-ci passe d'une orbite à une autre (différence trouvée par Bohr quelques années auparavant).

Est-ce un hasard si, dans le monde microscopique, lorsqu'on effectue une mesure suivant un certain ordre, on n'obtient pas le même résultat en la faisant dans un ordre différent ? Et d'autres couples de caractéristiques physiques d'une particule suivent la même règle : champ électrique et champ magnétique, énergie et durée temporelle…

La délivrance

Dans la nuit du 7 au 8 juin 1925, le rêve d'Heisenberg est réalisé. Ses équations, fruits de multiples opérations sur les différents tableaux, lui permettent de retrouver les mêmes résultats que Bohr, et notamment la plus importante, l'équation du mouvement d'une particule qui s'écrit $\mathbf{dA / dt = 1/2\pi h(AH - HA) + \partial A/\partial t}$ (où *h* est la constante de Planck et *A* et *H* sont des tableaux dont les éléments sont numériques).

Il démontre ainsi, comme Bohr, mais sans avoir recours à la notion physique d'orbites, que les états énergétiques des électrons sont identifiés par des valeurs numériques entières (ils sont donc quantifiés) et stables durant un certain temps, tant que l'atome n'absorbe pas ou n'émet pas de photon. Heisenberg doit donc être capable de retrouver les principales valeurs des fréquences du spectre de l'atome de l'hydrogène !

De retour à Göttingen, époustouflé lui-même d'avoir pu décrire la structure et les fonctionnalités de l'atome d'hydrogène par un formalisme mathématique aussi étrange, il demande son avis à son fidèle ami Pauli, lui faisant cette confidence : « Tout est toujours vague et flou pour moi, mais il me semble que les électrons, contrairement à ce que pense Bohr, ne se déplacent pas sur des orbites. » Pauli n'émettant aucune objection sérieuse, Heisenberg explique sa démarche à Max Born, son directeur de recherche, et lui demande son autorisation pour publier les résultats de ses travaux de recherche, tout en lui avouant : « J'ai écrit un article invraisemblable, je n'ose pas l'envoyer pour publication. »

Born est émerveillé : d'une part, Heisenberg a réinventé les notions de matrice (identique à chacun de ses tableaux) et le calcul matriciel ; d'autre part, sa démarche intellectuelle, étayée par des démonstrations mathématiques (certes pas tout à fait orthodoxes), lui a permis de décrire d'une manière inédite ce qui se passe dans un atome d'hydrogène. Heureusement, Max Born a dans son équipe un assistant mathématicien spécialiste du calcul matriciel, **Pascual Jordan (1902-1980)**, avec qui, dans cette optique purement matricielle, il formalise avec toute la rigueur nécessaire les recherches de Heisenberg.

Heisenberg, certes ravi, est aussi en partie insatisfait : il n'a pas réussi à retrouver les différentes valeurs des fréquences des quatre raies principales du spectre de l'hydrogène trouvées par Bohr, ce qui était au départ l'un de ses objectifs majeurs. Heureusement, Pauli vole à son secours : à partir de ses équations, il retrouve ces valeurs, et pense de plus avoir retrouvé celles des raies dues aux effets Stark et Zeeman (expliquées à partir du modèle de Bohr). Heisenberg peut se réjouir d'avoir un ami aussi compétent : sa théorie est désormais entièrement vérifiée. La mécanique matricielle, premier formalisme mathématique complet de la nouvelle physique quantique, est définitivement née.

Fin 1925, la mécanique matricielle est présentée au monde scientifique grâce à trois publications parues dans la revue allemande *Zeitschrift für Physik*, avec pour auteurs Heisenberg pour la première, Born et Jordan pour la deuxième et Born, Heisenberg et Jordan pour la dernière.

Ces publications sont un choc énorme pour les physiciens de l'époque, dont la majorité ne connaît pas le calcul matriciel : pour eux, c'est un outil purement mathématique. Cette mécanique matricielle leur semble complètement abstraite, d'autant qu'aucun croquis ne peut l'expliquer. Ils ne peuvent donc pas la comprendre. Même Einstein, goguenard, déclare à qui veut l'entendre : « Heisenberg nous a pondu un gros œuf quantique ! »

Soulignons que par la suite ce formalisme mathématique sera très peu utilisé, car Schrödinger, quelques mois plus tard, en développera un autre, appelé mécanique ondulatoire, beaucoup plus compréhensible.

Le principe d'indétermination

Deux ans plus tard, en 1927, Heisenberg élabore son fameux « principe d'indétermination », appelé aussi « principe d'incertitude », qui sous-tend que, dans le monde microscopique, le déterminisme, une des bases de la physique classique, ne peut plus exister. Là aussi, il crée un véritable séisme scientifique et intellectuel.

Pour arriver à cette conclusion, il avait beaucoup réfléchi au fait que la multiplication de deux matrices représentant certains couples de caractéristiques physiques d'une particule n'était pas commutative. Après plusieurs mois de réflexion, il suggère que cette particularité est liée à l'ordre dans lequel l'expérimentateur fait des mesures. Par exemple, pour le couple vitesse-position d'une particule (en assimilant la quantité de mouvement à la vitesse), si l'expérimentateur calcule, à un instant déterminé, la vitesse puis la position, les valeurs trouvées ne seront pas les mêmes que s'il avait déterminé d'abord la position, puis la vitesse. En s'appuyant sur cette hypothèse, Heisenberg affirme, que dans le monde de l'infiniment petit, il est impossible de connaître simultanément la position et la vitesse d'une particule.

Explicitons par des exemples concrets cette nouvelle et très importante bizarrerie de l'infiniment petit.

Si vous utilisez une lampe électrique pour marcher dans la nuit, son faisceau lumineux est composé de milliards de photons qui, en se réfléchissant sur chaque objet, vous permettent de le voir. Il ne vous viendrait jamais à l'esprit que ces photons puissent déplacer l'objet éclairé : dans notre monde macroscopique, l'inertie des corps à déplacer est colossale par rapport à l'énergie cinétique des photons qui les éclairent. Or, il n'en va pas de même dans le monde microscopique. En effet, la masse d'une particule est tellement petite qu'un seul photon, de par son énergie cinétique, a une incidence matérielle immédiate sur elle. Cela se traduit par un choc qui déplace brutalement la particule (pensez à l'effet photoélectrique expliqué par Einstein).

Effet d'un photon sur une particule

Ainsi, pour une particule donnée, on ne peut connaître qu'une de ces deux caractéristiques à la fois : soit sa position, soit sa vitesse.

Voici deux autres exemples très simples.

La nuit, un oiseau chante dans un arbre. Si vous pouvez très bien analyser la mélodie de son chant, vous ne pouvez pas identifier l'oiseau (à moins d'être ornithologue !). En revanche, si vous éclairez l'oiseau avec votre lampe électrique, il s'arrêtera probablement de chanter, mais vous pourrez le reconnaître. Vous ne pouvez pas, à la fois, décrire l'oiseau qui chante (assimilable à la position géographique d'une particule) et analyser ce qu'il chante (assimilable à la vitesse d'une particule).

Imaginons un autre exemple, un peu loufoque. La découverte d'Heisenberg implique que les radars qui fleurissent comme des champignons sur le bord de nos routes ne peuvent pas exister dans le monde des particules. En effet, imaginons un instant que votre voiture et vous ayez la dimension d'une particule, et qu'un gendarme microscopique vous arrête pour un excès de vitesse. À la question : « À quelle vitesse rouliez-vous ? », vous pourriez répondre en toute bonne foi : « Je ne sais pas, mais je peux vous dire avec exactitude l'endroit où j'étais. » Si le gendarme insiste alors et vous demande : « Où étiez-vous ? », vous pourrez répondre, là aussi en toute bonne foi : « Je ne sais pas, mais je peux vous dire à quelle vitesse je roulais. » Pas sûr que ce gendarme apprécie votre humour quantique ! Cet exemple certes complètement surréaliste reflète une certaine vérité du monde de l'infiniment petit.

Heisenberg va plus loin dans sa réflexion. Dans le contexte d'une mesure simultanée d'un couple de caractéristiques physiques d'une particule, par exemple sa vitesse et sa position géographique, mieux on connaît la position géographique *(x)* d'une particule, plus sera grande l'indétermination de sa vitesse *(Δv)*, et réciproquement : mieux on connaît cette dernière *(v)*, plus grande sera l'indétermination sur sa position géographique *(Δx)*. Ainsi, dans le monde de l'infiniment petit, il existera toujours, lors de la mesure simultanée d'un couple de caractéristiques physiques d'une particule, une indétermination sur une de ces deux caractéristiques. Conséquence très importante : il devient impossible de calculer la trajectoire de cette particule. Cette notion, primordiale dans le monde macroscopique, doit donc être abandonnée dans le monde microscopique. (Soulignons que dans le monde macroscopique, on peut toujours, à un instant donné, connaître simultanément la position géographique et la vitesse d'un objet, puisque les indéterminations sont forcément égales à zéro : **(Δx) = (Δv) = 0**.) C'est l'effondrement du déterminisme, un des piliers incontournables de la physique classique, et la rupture complète entre les physiques classique et quantique !

Cette découverte de Heisenberg implique finalement que, dans le monde microscopique, la notion de trajectoire n'existe plus ; en effet, celle-ci ne peut se construire que si, à tout instant, on peut connaître avec précision la position et la vitesse d'un objet.

La position géographique d'une particule ne pourra donc être déterminée que par des calculs probabilistes. Ceux-ci permettront par exemple de prévoir avec une certaine probabilité, suivant le contexte de l'expérience, la présence d'un électron dans un atome à tel ou tel endroit (représenté par un volume géographique).

Le formalisme mathématique développé par Schrödinger en apportera la preuve.

Résumons !

Dans le contexte déterministe de la physique classique (monde macroscopique) :

- à un instant t, on peut calculer avec précision la position géographique et la vitesse d'un objet (sa trajectoire est donc connue),
- à l'instant $t+dt$, on sait donc parfaitement où se situe l'objet sur la trajectoire.

Dans le contexte indéterministe de la physique quantique (monde microscopique) :

- à un instant t, on ne peut connaître exactement que la position géographique ou la vitesse d'une particule (il n'y a donc aucune possibilité de calculer sa trajectoire),
- à l'instant $t+dt$, la notion de trajectoire n'existant pas, on ne peut calculer que la probabilité de trouver la particule dans un volume spatial donné.

L'équation du principe d'indétermination

Pour le couple vitesse-position, il ne reste alors à Heisenberg qu'à construire une relation mathématique qui permette de calculer quantitativement cette indétermination dans le cas où un seul photon illumine une particule matérielle. En prenant en compte les valeurs moyennes des écarts statistiques obtenus lors des différentes mesures, notés Δx pour la position et Δp pour la quantité de mouvement (équivalent à la vitesse), il trouve que l'imprécision d'une mesure simultanée de la vitesse et de la position géographique d'une particule est donnée par la relation suivante :

Δx_{ij} multiplié par Δp_{ij} est toujours égal ou supérieure à la constante h de Planck divisé par 2π. Ainsi, $\Delta \mathbf{x}_{ij} \times \Delta \mathbf{p}_{ij} \geq \mathbf{h/2}\pi$ (i et j, variant de 1 à 3, représentent les coordonnées géographiques x, y et z).

Cette formule implique effectivement que plus on est précis sur la valeur d'une des caractéristiques physiques d'une particule, plus grande est l'imprécision sur l'autre. Cette équation est aussi appelée « principe d'incertitude » ou plus simplement « inégalités de Heisenberg ». Bien entendu, ce raisonnement mathématique, développé pour le couple « vitesse-position d'une particule », peut aussi s'appliquer à d'autres couples de caractéristiques.

Cette découverte vaudra à Heisenberg le prix Nobel de physique en 1932.

Heisenberg, après les très importantes découvertes qui firent de lui un des pères fondateurs de la nouvelle physique quantique, eut une vie de chercheur et d'universitaire très dense (professeur de physique théorique à Leipzig puis à Berlin). Il travailla beaucoup avec Bohr et Pauli pour définitivement asseoir la nouvelle physique quantique, et ses contributions scientifiques, dans plusieurs domaines, furent très nombreuses. Avant la Seconde Guerre mondiale : théorie quantique des champs, physique du solide, théorie des rayons cosmiques, physique nucléaire. Après la Seconde Guerre mondiale : domaine des particules élémentaires, théorie de la turbulence, physique des plasmas, théorie des réactions thermonucléaires.

Seule ombre au tableau : durant la Seconde Guerre mondiale, sous le régime nazi, Heisenberg travailla à l'élaboration d'une bombe atomique. Mais son rôle réel fut très controversé : avait-il ou non freiné volontairement cette funeste réalisation ? Fait prisonnier par les Anglais, cette ambiguïté le sauva certainement de la peine capitale.

Après la guerre, il obtint la chaire de physique de l'université de Göttingen, puis celle de Munich, qu'il occupa jusqu'à sa mort, le 1er février 1976.

Heisenberg, en 1925, inspiré par les travaux de Bohr, crée le premier formalisme mathématique de la nouvelle physique quantique, appelé « mécanique matricielle ». Dans ce formalisme, aucune image, ni aucune description d'un atome ne sont possibles : toutes les caractéristiques physiques d'un atome sont décrites par des matrices dont les éléments ne sont que des valeurs numériques, sur lesquelles il s'appuie pour construire ses équations. Elles lui permettent notamment de retrouver les quatre nombres quantiques (n, k, m, s), le spectre des raies d'un atome, la position d'un électron...

Heisenberg est aussi très célèbre pour son principe d'indétermination, découvert en partant du fait que, dans le monde microscopique, on ne peut pas mesurer simultanément certains couples de caractéristiques physiques d'une particule (par exemple, sa vitesse et sa position géographique). Il démontre aussi que plus on est précis sur une de ces deux caractéristiques physiques, moins on l'est sur l'autre. La notion de trajectoire n'a donc aucun sens dans le monde des particules.

Ce principe porta un coup mortel au déterminisme, pilier fondamental de la physique classique, rendant ainsi indispensable l'utilisation des probabilités.

CHAPITRE 6

ERWIN SCHRÖDINGER (1887-1961)

Au programme

- Une fonction d'onde particulière
- Max Born et la fonction d'onde de Schrödinger
- Schrödinger et les chats

Schrödinger naît à Vienne, où il passe toute son enfance et son adolescence. C'est un élève et un étudiant brillant qui suit avec assiduité, à l'université de sa ville, les cours de physique théorique prodigués par le successeur de Boltzmann. En 1910, il obtient son doctorat en physique théorique sur un sujet n'ayant aucun rapport avec la physique quantique, et obtient la même année un poste d'assistant en physique expérimentale à l'université.

Durant la Première Guerre mondiale, Schrödinger est officier d'artillerie. Ensuite, il enseigne dans plusieurs universités allemandes, puis succède en 1921 à Einstein à l'École polytechnique de Zurich, à la prestigieuse chaire de physique théorique. C'est à partir de cette époque qu'il étudie le modèle de l'atome de Bohr et celui de Louis de Broglie, dans le but de formaliser ce dernier pour lui donner une assise mathématique plus sérieuse.

Si Schrödinger trouve que la structure de l'atome de Bohr n'est pas très réaliste (il lui semble illusoire de penser que les électrons se déplacent autour du noyau de l'atome sur des trajectoires parfaitement définies représentées par des orbites planaires concentriques), en revanche, il est enthousiasmé par les travaux de Louis de Broglie, qui associent une onde de matière à une particule. Il l'est d'autant plus que, paradoxalement, physicien aux idées classiques, comme Einstein, il croit toujours aux ondes, et donc au déterminisme, et non à une nature dont les événements seraient, comme le suggère la physique quantique, entièrement subordonnés à des quanta et à des calculs probabilistes. Par ailleurs, Schrödinger pense que les changements d'états énergétiques d'un électron doivent pouvoir s'effectuer de façon continue. C'est pourquoi il ne croit absolument pas aux discontinuités énergétiques des électrons pour passer d'une orbite à une autre (appelées « sauts quantiques » par Heisenberg) ni, d'une façon plus générale, au formalisme mathématique matriciel de ce dernier, qu'il trouve beaucoup trop abstrait pour décrire un atome et son comportement.

Une fonction d'onde particulière

Pour construire sa nouvelle théorie quantique, Schrödinger s'appuie totalement sur les découvertes de Louis de Broglie. Il associe donc à tout électron se déplaçant à une certaine vitesse une « onde matière », ou « onde pilote », représentée par un ensemble d'ondes appelé « paquet d'ondes », assimilable à une superposition d'ondes de longueurs différentes, concentrées dans un petit espace bien défini et se propageant à l'intérieur d'un atome. Cela permet d'associer ce « paquet d'ondes » à une particule. Cette particule, avec toutes ses caractéristiques physiques, doit pouvoir être représentée par une fonction d'onde Ψ. De cette manière, tout comme pour l'onde de matière de Louis de Broglie, Schrödinger assimile un électron à une corde vibrante fermée, située autour du noyau, et dont la fréquence de vibration est liée à une énergie déterminée. Avec cette hypothèse, la notion de saut quantique disparaît (plus de discontinuité) puisque, le mode vibratoire changeant, l'onde varie (d'une façon continue) d'un état énergétique à un autre (assimilable à un changement d'orbite dans le modèle de Bohr).

Pour mieux comprendre cette démarche de formalisation des travaux de Louis de Broglie, il suffit de savoir que le mathématicien français **Joseph Fourier (1768-1830)** avait démontré que toute fonction d'onde, aussi complexe soit-elle, est égale à une somme de fonctions simples (appelées, comme en musique, harmoniques).

La somme des fonctions harmoniques donne une seule fonction

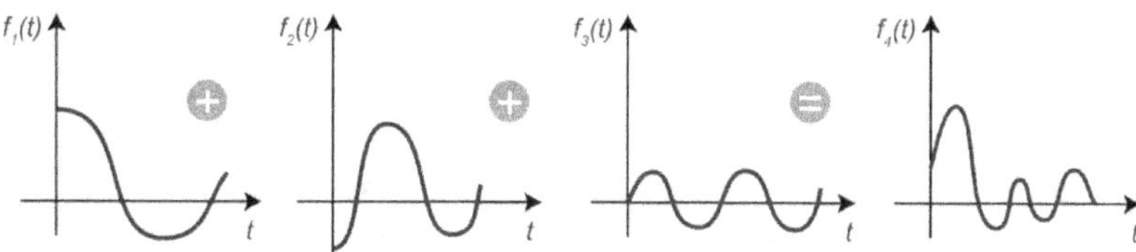

Schrödinger peut donc assimiler l'ensemble des fonctions simples de Fourier à son paquet d'ondes, dont les amplitudes superposées les unes aux autres donneraient une fonction d'onde Ψ particulière.

Un autre exemple issu du monde musical peut aider à mieux comprendre l'idée de Schrödinger. Un son est toujours composé d'un son fondamental, doté d'une fréquence déterminée, et d'une ou plusieurs harmoniques, elles aussi de fréquences précises. Les rapports de ces harmoniques avec le son fondamental sont des nombres entiers ou des quotients de ceux-ci (phénomène très rare dans notre monde macroscopique, assimilable aux discontinuités du monde microscopique générées par les quanta). Ainsi, l'ensemble des ondes (la fondamentale et toutes les harmoniques possibles) ressemble étrangement à la notion de paquet d'ondes, et un son est toujours le reflet d'une superposition des ondes d'une fondamentale et d'un certain nombre d'harmoniques, assimilables à la fonction d'onde Ψ (celle-ci étant bien entendu différente pour chaque son émis par l'instrument).

L'équation d'ondes contenant la fonction d'onde

Schrödinger doit donc trouver une équation mathématique qui, pour une énergie E donnée, lui permette de trouver la fonction d'onde Ψ adéquate qui apparaît dans cette équation comme l'inconnue à trouver. Comme le montre la figure ci-dessous, cette fonction d'onde, qui évolue au fil du temps, reflète, dans un atome d'hydrogène, le mouvement de son unique électron à tout instant t, doté de coordonnées cartésiennes (notées $\Psi(x_i,t)$), et ne pouvant bien sûr exister que suivant certaines valeurs de l'énergie E de l'électron. Pratiquement, son équation permet de calculer facilement la forme de l'onde $\Psi(x_i,t)$ associée à un électron de masse m, localisée au point x_i à l'instant t. Bien entendu, l'électron n'est détecté que lorsqu'une mesure est effectuée.

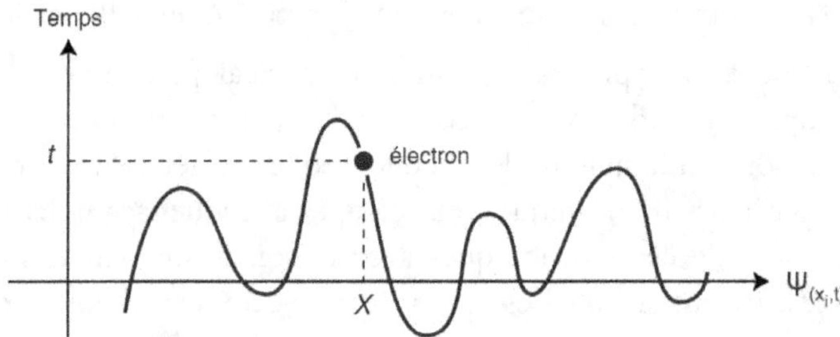

Pour trouver l'inspiration, Schrödinger, grand séducteur, a recours à son remède habituel : il invite une ancienne maîtresse à passer les fêtes de fin d'année 1925 dans une station de ski des Alpes autrichiennes. Et, ô miracle, après une nuit particulièrement agitée (si l'on en croit son journal intime), il finalise l'équation qui va le rendre célèbre et lui permettre d'obtenir un prix Nobel.

En prenant comme exemple l'atome d'hydrogène, l'équation originale de Schrödinger s'écrit : $\partial 2\Psi(x_i,t)/\partial x_i^2 + 8\pi^2 m/h^2 \ (E-V) \ \Psi(x_i,t) = 0$, où h est la constante de Planck et m la masse de l'électron, E son énergie, V son énergie d'interaction entre le noyau et lui-même, et $\partial2\Psi/\partial x_i^2$ la dérivée seconde par rapport à son emplacement géographique. Insistons sur le fait qu'ici la fonction d'onde $\Psi(x_i,t)$ représente l'inconnue à trouver.

Sous une forme simplifiée, on peut écrire : $H\,\Psi\,(x_i,t) = E\,\Psi\,(x_i,t)$ où H est un opérateur mathématique matriciel appelé « hamiltonien » qui permet, en utilisant des matrices très similaires à celles de Heisenberg, de faire un certain nombre d'opérations sur la fonction d'onde (notamment de dérivation).

Paradoxalement, Schrödinger n'a jamais expliqué comment il était parvenu à construire son équation. On suppose qu'il l'a construite par tâtonnements successifs jusqu'à ce que la fonction d'onde obtenue $\Psi(x_i,t)$ corresponde à la réalité expérimentale.

En généralisant et en formalisant les travaux de Louis de Broglie, Schrödinger créait le deuxième formalisme mathématique de la physique quantique, connu sous le nom de « mécanique ondulatoire », qui doit permettre de connaître à tout instant, de façon continue, la description dynamique (donc l'évolution dans le temps) d'un électron dans un atome d'hydrogène.

Une application élargie

Schrödinger, qui avait élaboré ses travaux de recherche sur l'atome d'hydrogène comme Bohr et Heisenberg, a l'excellente idée de généraliser son équation aux autres atomes. Pour cela, il effectue une correspondance entre des caractéristiques classiques de l'électron (comme la quantité de mouvement) et les éléments des opérateurs hamiltoniens utilisés dans son équation.

Quand il publie ses découvertes, le 27 janvier 1926, dans un article intitulé « L'équation non relativiste des ondes de Louis de Broglie » dans la revue *Annalen der Physik*, la communauté scientifique est ravie. Pour les physiciens, cette équation est une alternative salvatrice face au calcul matriciel de Heisenberg, demeuré pour eux complètement hermétique. En effet, grâce à des outils mathématiques qu'ils maîtrisent parfaitement (notamment la théorie mathématique des ondes), ils peuvent, pour n'importe quel atome, obtenir très facilement la forme de l'onde recherchée, la valeur des fréquences des raies du spectre et, bien sûr, les quatre nombres quantiques *(n, k, m, s)* de Bohr, Sommerfeld et Pauli.

Einstein, soulagé que l'on revienne à des considérations ondulatoires physiques plus classiques (c'est-à-dire aux allures déterministes et continues), écrit à Schrödinger en avril 1926 : « J'ai été enthousiasmé par votre théorie que j'ai étudiée avec le plus grand intérêt. L'idée de base de votre travail témoigne d'un authentique génie… »

Max Born et la fonction d'onde de Schrödinger

Cependant, les physiciens quantistes s'interrogent sur la véritable nature de cette fonction d'onde $\Psi(x_i,t)$. Même si Schrödinger leur dit qu'elle peut s'assimiler à l'onde de matière de Louis de Broglie (et donc à une onde réelle), ils ne le croient guère, d'autant plus qu'il n'a jamais démontré ce que celle-ci représentait réellement.

Max Born, en effectuant de nombreuses expériences consistant à bombarder le noyau d'un atome avec des électrons, analyse, grâce à l'équation de Schrödinger, l'onde de ceux-ci après leur impact. Ses résultats lui permettent d'affirmer, en août 1926, que la fonction d'onde $\Psi(x_i,t)$ indique la probabilité que l'électron soit dévié dans telle ou telle direction (par exemple, sur l'axe des x, $\Psi(x)$ détermine la probabilité que l'électron se trouve au point x). Plus précisément, lorsqu'une mesure a pour objectif de déterminer la position d'une particule, $\Psi(x_i,t)$ représente des amplitudes de probabilité. En d'autres termes, il considère que cette fonction d'onde permet de calculer la probabilité (égale à $\Psi(x_i,t)2\ d^3x_i$) de trouver une particule dans un volume d'espace très petit, à trois dimensions (calculé grâce à d^3x_i). Max Born en déduit très logiquement que la fonction d'onde de Schrödinger $\Psi(x_i,t)$ est en réalité « une onde de probabilités » qui permet de connaître à tout instant t la position géographique x_i d'une particule.

Essayons de comprendre comment cette fonction d'onde (ou onde de matière) fonctionne matériellement.

Associée à un électron, elle est représentée par un paquet d'ondes superposées, dont chacune a une longueur d'onde très peu différente des autres. C'est seulement lors d'une mesure qu'une seule onde sera « choisie » avec une certaine probabilité : il ne subsistera alors du paquet d'ondes qu'une seule onde (phénomène appelé « effondrement » ou « réduction du paquet d'ondes ») – c'est en quelque sorte la conséquence d'un « effondrement des probabilités ». Aussi n'est-ce qu'à cet instant que l'expérimentateur saura où se situe l'électron (le nuage potentiel virtuel représentant les différentes probabilités de trouver l'électron se réduisant alors à une probabilité certaine de trouver l'électron à un endroit géographique déterminé – voir figure ci-dessous).

Avant la mesure

Après la mesure

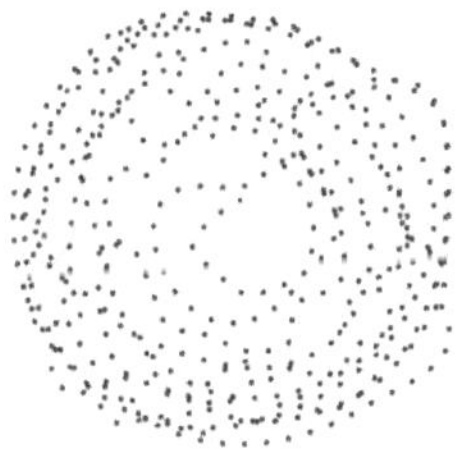

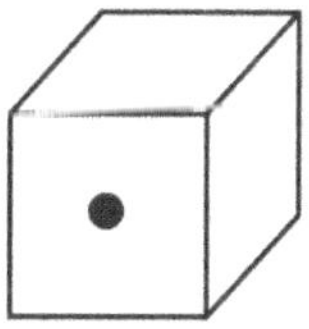

Paquet d'ondes représentant l'onde de matière. Nuage virtuel représentant l'ensemble des positions possibles de l'électron.

Une seule onde est sélectionnée. Avec une certaine probabilité, on peut situer l'électron dans un petit volume d'espace.

Avec sa découverte, Max Born, qui sous-tend que l'équation de Schrödinger ne décrit l'évolution d'un système microscopique qu'en termes probabilistes, créait lui aussi un véritable séisme : dans le monde de l'infiniment petit, toute recherche d'une particule ou d'un événement est complètement subordonnée aux probabilités.

Pour lui, comme pour Heisenberg, *exit* la fonction d'onde en tant qu'onde réelle, donc adieu la notion de trajectoire d'une particule. De nouveau, le déterminisme dans un contexte microscopique est condamné.

Ainsi, un électron ne suit autour du noyau de l'atome aucune trajectoire définie à l'avance. Il va se trouver, suivant une certaine probabilité, à une distance déterminée du noyau de l'atome. Par exemple, pour l'atome d'hydrogène, on a, pour $n = 1$, la courbe de probabilités suivante : en abscisse, la distance par rapport au noyau (donnée en angströms : $Å = 10^{-10}_m$), et en ordonnée les différentes probabilités de trouver un électron par rapport à sa distance au noyau (ceci étant vrai pour 360 degrés).

Courbe reflétant la probabilité de trouver un électron pour *n = 1*

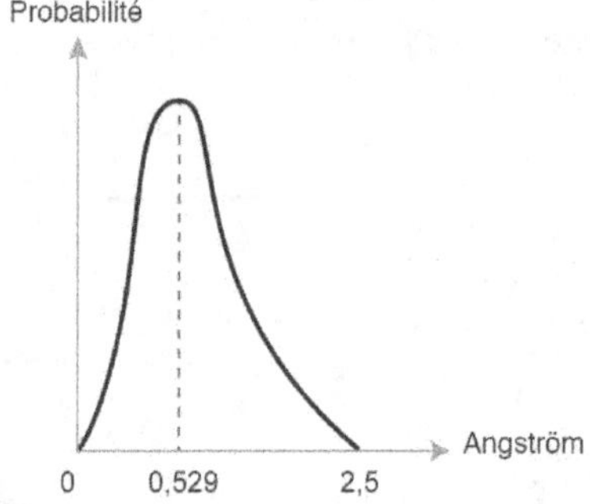

Comme le montre cette figure, si un électron se trouve dans son état fondamental, c'est-à-dire aux alentours de la première orbite (nombre quantique $n = 1$, là où son énergie est la plus basse), la probabilité la plus forte de le trouver se situe à 0,529 Å (égale au rayon de la première orbite de Bohr). En revanche, au-delà de 2,5 Å, la probabilité de trouver un électron devient nulle. Ainsi, même si les orbites de Bohr n'existent pas matériellement, elles restent révélatrices des endroits de l'atome où la densité de probabilité de trouver un électron est la plus élevée (voir figure suivante). Par ailleurs, si cette densité de probabilité a la forme de ronds concentriques autour du noyau, c'est parce que l'atome d'hydrogène, n'ayant qu'un électron, possède une structure très simple. Dans la majorité des cas, ces zones de densité de probabilité ont des formes très variées, suivant leur nombre d'électrons (ellipsoïdes, en étoile…).

Dans tous les cas, ceci montre bien que dans un atome la présence probable d'un électron à un instant donné s'apparente plus à un nuage atomique non homogène qu'à une orbite rigide. Comme le montrent les figures suivantes, la structure d'un atome a beaucoup évolué en trente ans. Parions qu'elle ne changera guère dans l'avenir – mais on n'est jamais sûr de rien !

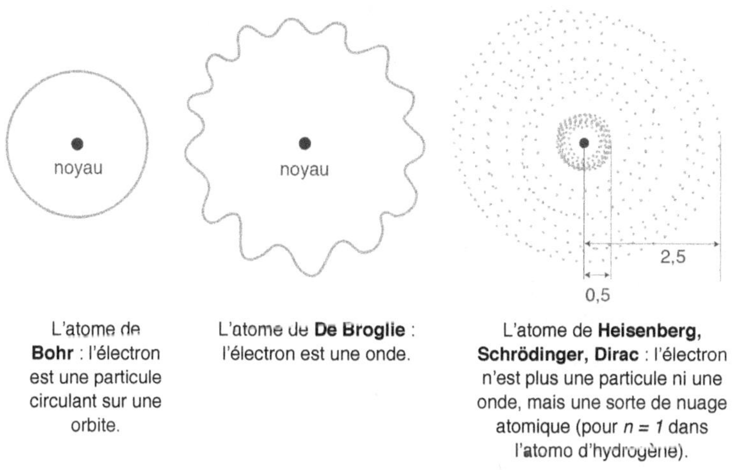

Évolution des trois principales structures de l'atome

L'atome de **Bohr** : l'électron est une particule circulant sur une orbite.

L'atome de **De Broglie** : l'électron est une onde.

L'atome de **Heisenberg, Schrödinger, Dirac** : l'électron n'est plus une particule ni une onde, mais une sorte de nuage atomique (pour $n = 1$ dans l'atome d'hydrogène).

Max Born obtient, pour son interprétation statistique de la fonction d'onde de Schrödinger, le prix Nobel de physique en 1954.

Schrödinger et les chats

Il est évident que Max Born faisait deux victimes de choix : Einstein, profondément déçu, incapable d'accepter cet indéterminisme dû aux probabilités, mais aussi Schrödinger qui, durant toute sa vie, refusa l'utilisation de sa fonction d'onde à des fins purement probabilistes. Dépité, il propose en 1935 dans un article intitulé « La situation actuelle en mécanique quantique » une expérience de pensée, qualifiée par lui-même de « burlesque », pour dénigrer l'aspect probabiliste omniprésent de la physique quantique.

Un chat vivant est enfermé dans une boîte avec un atome radioactif qui doit, ou pas (avec la même probabilité), se désintégrer au bout d'une heure, brisant un flacon de verre rempli d'un gaz mortel, ce qui tuera bien entendu le pauvre chat. Or, pour Schrödinger, si l'on suit l'interprétation de Max Born, au bout d'une heure, il y aurait dans la boîte un chat ni complètement mort ni complètement vivant, et donc un peu les deux ! C'est complètement farfelu. Schrödinger montre ainsi à quel point lui semble absurde le fait qu'on puisse identifier sa fonction d'onde $\Psi(x,t)$ à une onde de probabilité, comme le fait Max Born.

L'avenir montrera que tous deux avaient raison ! C'est certainement l'un des paradoxes les plus incompréhensibles de la physique quantique. Le monde de l'infiniment petit est vraiment déroutant : il admet, contrairement à notre monde macroscopique déterministe, qu'un objet puisse être dans deux états à la fois : une porte peut être à la fois ouverte et fermée, vous pouvez être là et ailleurs… et un chat peut être à la fois mort et vivant. C'est le principe de la superposition quantique.

En 1927, Planck fait venir Schrödinger dans son université de Berlin. En 1933, ne pouvant plus supporter le nazisme, Schrödinger émigre en Angleterre à l'université d'Oxford, où il reçoit avec Paul Dirac le prix Nobel de physique théorique. Du fait de sa vie privée très choquante pour l'époque (il vit avec deux femmes), il n'y reste que peu de temps. En 1934, pour les mêmes raisons, il lui est impossible de devenir professeur à l'université de Princeton, aux États-Unis. En 1936, il rentre en Autriche pour être professeur à l'université de Graz, mais, constamment harcelé par les nazis, il quitte définitivement son pays natal pour créer à Dublin, en Irlande, un institut universitaire dont il sera, durant presque vingt ans, le directeur de l'école de physique théorique. Il sera même naturalisé irlandais et deviendra membre de la Royal Society.

Schrödinger écrit en 1944 un ouvrage sur le code génétique des organismes vivants ; cela inspirera à **James Dewey Watson** (né en 1928) ses recherches qui aboutiront à la découverte de l'ADN avec sa double hélice.

Schrödinger édite aussi plusieurs livres et est l'auteur d'une cinquantaine de publications, sans s'arrêter pour autant de remplir régulièrement les feuillets de son journal très intime !

Apport de Schrödinger à l'élaboration de la physique quantique

Si Heisenberg, pour créer son formalisme mathématique, appelé « mécanique matricielle », s'est s'inspiré des travaux de Bohr, Schrödinger, en 1927, formalise les travaux de Louis de Broglie pour fonder sa « mécanique ondulatoire ».

Celle-ci est essentiellement basée sur une fonction d'onde qui permet de déterminer à tout instant, dans n'importe quel atome, avec une certaine probabilité, la présence géographique d'un électron dans un volume donné très petit. Cela prouve de nouveau que la physique quantique est inféodée aux probabilités, et donc forcément non déterministe.

Pour arriver à ce résultat, Schrödinger formalise la notion de « paquet d'ondes » de Louis de Broglie, constitué d'une superposition d'ondes différentes. Ce concept a une implication très importante : il démontre qu'une particule peut être dans deux états différents à la fois, situation inimaginable dans notre monde macroscopique.

Schrödinger est aussi très célèbre pour avoir démontré, grâce à une expérience de pensée voulant dénigrer ce phénomène incompréhensible de la physique quantique, qu'un chat enfermé dans une boîte peut être à la fois mort et vivant !

En collaboration avec Dirac, il démontre que son formalisme et celui de Heisenberg, bien que très différents, donnent les mêmes résultats.

CHAPITRE 7

PAUL DIRAC (1902-1984)

Au programme

- L'équation quantique et relativiste de Dirac
- L'électrodynamique quantique relativiste

Paul Dirac porte le nom de la petite ville française de Charente où vivait sa famille paternelle avant d'émigrer en Angleterre. Il naît à Bristol et y suit, dès 1918, des études d'ingénieur en électricité. En 1921, il change d'orientation et se met à étudier ce qui le passionne : les mathématiques. La physique quantique le fascine aussi ; dans ses futures recherches théoriques, il l'abordera toujours sous un angle purement mathématique. En 1923, il obtient un poste d'enseignant-chercheur à l'université de Cambridge où il étudie les théories relativistes d'Einstein et les différents modèles d'atomes créés par Rutherford, Bohr et de Broglie.

En mai 1925, il rencontre Bohr, venu faire une conférence dans son université, avec qui il a des conversations fructueuses. En juin de la même année, c'est Heisenberg qui vient présenter ses premiers travaux sur sa mécanique matricielle. Cette façon de décrire un atome sans aucun croquis possible, seulement par l'emploi de matrices remplies essentiellement de valeurs numériques, subjugue Dirac. Ses réflexions l'amènent à écrire un article qu'il envoie à Heisenberg. Celui-ci est très impressionné par la façon dont Dirac a su démontrer les différences entre les formalismes des physiques classique et quantique, la plus importante étant liée à la multiplication non commutative des deux matrices représentant respectivement, pour une particule, sa quantité de mouvement et sa position.

En mai 1926, Dirac soutient sa thèse de doctorat, intitulée « La mécanique quantique ». Peu après, avec l'aide de Heisenberg, il démontre que les mécaniques matricielle et ondulatoire, bien que construites sur des bases fondamentalement différentes (l'une sur la notion de particule, l'autre sur celle d'onde), sont équivalentes : elles aboutissent aux mêmes résultats pratiques.

L'équation quantique et relativiste de Dirac

Depuis qu'Einstein a développé, en 1905, sa théorie sur la relativité restreinte, chacun sait que plus la vitesse d'une particule s'approche de celle de la lumière (300 000 km/s), plus les effets relativistes sont importants (la durée du temps s'allonge : les astronautes qui tournent autour de la Terre dans leur satellite à la vitesse de seulement 10 km/s rajeunissent de quelques secondes par jour). Pour tenir compte de ce phénomène, Einstein avait élaboré, en s'appuyant sur les travaux de **Lorentz** et de **Poincaré**, ses célèbres équations, prenant en considération, pour la première fois en physique, la vitesse c de la lumière.

Or, dans un atome un électron se déplace à une vitesse de l'ordre du centième de la vitesse de la lumière (environ 3 000 km/s, soit 300 fois plus vite qu'un satellite). Hélas, Bohr, de Broglie, Heisenberg et Schrödinger, bien que ce fait ne leur ait pas échappé, n'ont jamais su intégrer à leurs équations quantiques les corrections rendues nécessaires par ces effets relativistes. Ainsi, par rapport à la réalité, on constate de petites imprécisions dans les mesures (notamment pour les valeurs des fréquences des raies du spectre d'un atome) et, d'autre part, le spin de l'électron découvert par Pauli n'est pas pris en compte.

Fin 1927, un jeune homme de vingt-cinq ans, intégrant dans l'équation de Schrödinger les corrections dues à la théorie de la relativité restreinte, élabore une équation mathématique mariant harmonieusement les théories quantique et relativiste. Il généralise ainsi les formalismes mathématiques purement quantiques mais non relativistes de Heisenberg et de Schrödinger. Dirac passera toute l'année 1928 seul dans un petit bureau, tel un moine, seulement armé, pour élaborer son équation, de son intelligence, de ses connaissances mathématiques et de sa redoutable opiniâtreté. Cette situation ne lui déplaît pas : il n'est vraiment heureux que seul, manipulant sans relâche des équations mathématiques afin de les rendre plus simples et plus belles, des vertus qui font selon lui d'une équation un véritable reflet de la réalité de la nature. Nous sommes loin de l'extraverti Schrödinger !

Pour élaborer son équation à la fois relativiste et quantique reliant l'énergie d'une particule à sa masse et à sa quantité de mouvement (donc à sa vitesse), Dirac part de deux équations concernant la dynamique d'une particule : celle classique, non relativiste, $E = p^2/2m$ ($p = mv$ étant la quantité de mouvement, m la masse), l'autre, relativiste, d'Einstein : $E^2 = (p^2 + m^2 \times c^2) \times c^2$ (où c est la vitesse de la lumière). Pour pouvoir se conformer au principe de relativité, Dirac est obligé de trouver une équation du premier degré (ne comportant pas de terme élevé au carré), mais même en s'appuyant sur celle d'Einstein, il n'y parvient pas. Il doit alors trouver une autre équation du premier degré ayant la forme générale $E = ap + bm$ (où a et b sont des constantes) qui, élevée au carré, redonne l'équation relativiste d'Einstein.

Le défi de Dirac consiste alors à incorporer dans son équation :

- le formalisme de Heisenberg, où a et b doivent être des matrices,
- la fonction d'onde $\Psi(x, t)$ de Schrödinger,
- et les principes de la relativité restreinte, liés d'une part à l'invariance de son équation quel que soit le référentiel choisi (ayant donc des coordonnées géographiques différentes), et d'autre part à la vitesse de la lumière.

Ce sont les conditions incontournables pour que son équation décrive le plus fidèlement possible les événements de l'infiniment petit.

Pour atteindre ces objectifs, Dirac construit tout d'abord une équation du second degré où figure la fonction d'onde $\Psi(x_i,t)$ décrivant le mouvement d'un électron libre (sans interaction avec d'autres électrons), ce qui est le cas de l'atome d'hydrogène, qui ne comporte qu'un électron. Cette équation comporte deux idées inédites : les constantes principales sont non pas des valeurs numériques simples, mais des matrices, et l'équation doit permettre des solutions qui soient non pas une fonction d'onde, mais au moins quatre fonctions d'onde différentes, notées $\Psi(x_i,t)_k$. D'une part parce que la relativité restreinte représente un espace-temps à quatre dimensions (c'est pourquoi l'indice k varie de 1 à 4), d'autre part parce que Pauli avait émis l'hypothèse qu'il fallait deux fonctions d'onde pour déterminer les deux états énergétiques du spin d'un électron.

Ensuite, il transforme cette équation en une équation du premier degré (appelée « équation de Dirac ») qui a la forme générale suivante : $(p_4 + a_1p_1 + a_2p_2 + a_3p_3 + a_4mc)\Psi(x_i,t)_k = 0$, où :

- c est la vitesse de la lumière, m la masse de l'électron,
- les p_i et les a_i sont des matrices carrées (les éléments de p_i représentent les quantités de mouvement et les énergies liées aux différents états de l'électron ; les éléments de a_i sont des constantes numériques),
- les fonctions d'onde $\Psi(x_i,t)_k$ sont représentées par une matrice ne comportant qu'une colonne avec comme éléments les quatre fonctions d'onde différentes : Ψ_1, Ψ_2, Ψ_3, Ψ_4.

Cette équation génère donc une solution à quatre composantes. À titre d'exemple, la première s'écrit : $(p_4+mc)\,\Psi_1 + (p_1+ip_2)\Psi_4 + p_3\Psi_3 = 0$, la troisième s'écrit : $(p_4-mc)\,\Psi_3 + (p_1+ip_2)\Psi_2 + p_3\Psi_1 = 0$.

Les deux premières composantes donnent, sans que Dirac ait à notifier artificiellement la notion de spin dans son équation, la probabilité de trouver à un instant t, dans un très petit volume de l'atome, un électron avec un spin orienté soit vers le haut (première composante), soit vers le bas (deuxième composante) – chose que les équations de Heisenberg et de Schrödinger étaient, bien entendu, incapables de fournir.

Les deux dernières composantes, comportant des énergies négatives, ouvrent la porte d'un monde auquel aucun scientifique de l'époque n'avait pensé : celui de l'antimatière. Après trois ans de réflexion, Dirac, au printemps 1931, émet une idée révolutionnaire : cette énergie négative est l'expression de l'existence d'une nouvelle particule, de même masse que l'électron, mais dotée d'une charge positive, qu'il appelle « positron ». Le monde scientifique, ahuri, croit à une provocation intellectuelle. Heureusement, un an plus tard, un jeune étudiant américain, **Carl Anderson**, passionné par les rayons cosmiques, étudie au sommet d'une montagne le comportement des électrons que ces rayons contiennent grâce à un détecteur appelé « chambre de Wilson », où se trouve un champ magnétique permettant de courber les trajectoires des particules chargées. Parmi plusieurs centaines de traces d'électron, il voit qu'une dizaine d'entre elles sont orientées dans un sens opposé, possédant donc une charge électrique contraire, non pas négative mais positive. Anderson venait de découvrir le positron de Dirac, antiparticule de l'électron, ayant les mêmes caractéristiques physiques (masse, dimension, durée de vie…) mais doté d'une charge électrique positive.

On ne connaissait à cette époque que deux particules de matière, l'électron et le proton. On sait maintenant que les centaines de particules découvertes à ce jour possèdent toutes une antiparticule. Par opposition au terme « matière », l'ensemble de ces antiparticules est appelé « antimatière », laquelle, peu de temps après le Big-Bang, était presque aussi importante que la matière. Jusqu'à aujourd'hui, aucune théorie scientifique n'a pu expliquer pourquoi l'antimatière a pratiquement disparu de l'univers au profit de la matière…

Notre propre corps est une véritable usine à antiparticules ; savez-vous que vous expulsez, par seconde, environ trois à quatre milles antineutrinos (antiparticule du neutrino, découvert en 1930 par Pauli) ? En effet, nos os contiennent du potassium 40 radioactif, provenant des réactions nucléaires sévissant dans les étoiles et ayant conduit à la « fabrication » de la matière des planètes, et donc de notre corps. Dans celui-ci, les atomes de potassium 40 se transforment en calcium 40 en émettant un électron et une antiparticule : l'antineutrino.

Bien entendu, l'équation de Dirac permet aussi d'obtenir la structure la plus fine possible du spectre de l'atome d'hydrogène, avec pour chaque raie une valeur de fréquence identique à celle obtenue expérimentalement. Pour généraliser son équation (l'électron se situant alors dans un champ électromagnétique), il lui suffit de changer simplement les p_i (représentant la quantité de mouvement et l'énergie d'un électron) en les recalculant dans le contexte d'un champ électromagnétique.

Dirac, en publiant ses travaux en décembre 1928 dans les *Proceedings of the Royal Society*, fait d'une pierre trois coups. Premièrement, son équation, à la fois quantique et relativiste, généralise et formalise les équations non relativistes de Heisenberg et de Schrödinger, tout en leur étant bien supérieure dans les résultats obtenus. Ensuite, il devient le troisième personnage incontournable de la nouvelle physique quantique. Enfin, il est à l'origine de l'électrodynamique quantique relativiste, qui explique comment s'effectuent les interactions entre électrons et photons dans un atome, donc entre la matière et la lumière (plus généralement, le rayonnement électromagnétique). Richard Feynman, après 1940, la développera complètement.

La seule restriction très importante de cette avancée est liée au fait que, comme celle de Schrödinger, l'équation de Dirac ne s'applique qu'à une particule, et ne peut donc prendre en compte les interactions entre plusieurs particules.

En 1930, Dirac publie un livre à finalité pédagogique, intitulé *Les Principes de la mécanique quantique*[2], dans lequel il utilise notamment de nouveaux outils mathématiques (algèbre des opérateurs linéaires) permettant de généraliser les équations d'Heisenberg et de Schrödinger.

L'électrodynamique quantique relativiste

L'autodidacte anglais **Michael Faraday (1791-1867)** avait découvert la notion de champ électromagnétique, qui représente dans l'espace, à un instant déterminé, l'ensemble des forces qu'exercent à distance des particules chargées électriquement. À cette époque, les scientifiques constataient ce phénomène expérimentalement sans pouvoir l'expliquer : comment, dans un champ électromagnétique, des interactions physiques à distance, entre corps différents, sont-elles possibles ? C'est par exemple le cas d'une matière électrisée par un frottement (plastique, ambre...) qui fait se dresser les poils de votre avant-bras. Même Maxwell, qui, avec ses célèbres équations, avait formalisé mathématiquement les travaux de Faraday, fut incapable d'apporter une explication satisfaisante à ce phénomène insolite, analogue à celui des forces gravitationnelles susceptibles d'attirer des planètes, auquel Newton ne put, lui non plus, apporter aucune réponse.

Ainsi, le champ électromagnétique classique de Maxwell se comporte comme un « champ de forces » mystérieux, matérialisé par les fameuses lignes de force responsables des interactions (ou forces) entre les particules chargées immergées dans ce champ. D'un autre côté, dans le contexte de l'électrodynamique quantique, le champ électromagnétique est composé de quanta ou de particules (on dit alors qu'il est « quantifié »), et ce sont ces dernières,

---

2. *The Principles of Quantum Mechanics*, 1958, Oxford Science Publication, Oxford University Press (4e édition).

en tant que vecteurs de transmission, qui sont responsables des interactions (ou forces) entre les particules de matière dotées d'une charge électrique et présentes dans le champ électromagnétique.

Dirac, pour construire les équations mathématiques citées plus haut, s'était appuyé sur l'électrodynamique classique, avec deux composantes : l'une était la théorie du champ électromagnétique classique, conçue par Maxwell entre 1855 et 1865, où les ondes électromagnétiques ne peuvent se propager dans un champ du même nom que de façon continue, en suivant des lignes de force. L'autre était la loi de Hendrik Lorentz, établie en 1890, qui décrit la trajectoire des particules dans un champ électromagnétique classique. Or, à part ce dernier, tous les éléments des équations de Dirac concernant les caractéristiques physiques de la particule (la quantité de mouvement, l'énergie…) étaient quantifiés grâce à des opérateurs mathématiques quantiques utilisant des matrices dont tous les éléments étaient numériques.

Aussi Dirac doit-il, pour rendre parfaitement homogènes ses différentes équations, quantifier le champ électromagnétique de Maxwell. Il a l'intuition que l'existence d'un champ électromagnétique est due à la présence de particules chargées électriquement et que, par conséquent, les interactions entre ces particules ne se font pas par d'hypothétiques lignes de force, mais par l'intermédiaire de particules (ou quanta), permettant la quantification du champ électromagnétique. Pour l'époque, ce raisonnement était d'autant plus justifié que Bohr avait pu expliquer les phénomènes se déroulant dans un atome en décrivant les interactions entre électrons et photons. Aussi, très logiquement, Dirac émet l'hypothèse que ces particules ne peuvent être que des photons, responsables des forces existantes dans un champ électromagnétique : l'électrodynamique quantique était née !

Les deux figures ci-dessous montrent bien les différences quant au comportement d'un électron entre la physique classique (figure 1), où la trajectoire d'un électron est liée à une ligne de force, et la physique quantique (figure 2), où le comportement de l'électron est dû à l'absorption ou à l'émission d'un ou de plusieurs photons.

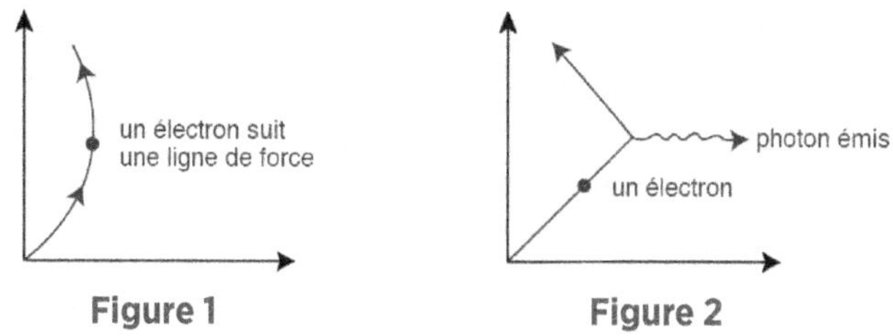

Figure 1   **Figure 2**

En 1927, Dirac publie l'acte de naissance de l'électrodynamique quantique sous la forme d'un article intitulé « La théorie quantique de l'émission et de l'absorption du rayonnement ». Cette nouvelle théorie réconcilie l'électromagnétisme classique avec la physique quantique en généralisant les équations de Maxwell et de Lorentz, et permet de comprendre comment les particules électrisées peuvent interagir à distance, par des échanges de photons.

Cependant, c'est Pauli, Schrödinger et Jordan, et non Dirac, qui développeront la première démonstration mathématique de l'électrodynamique quantique, très lourde tâche qui leur prendra trois ans. Pour résumer, cette ébauche mathématique permit de généraliser la description du champ électromagnétique classique en utilisant des matrices, qui décrivent les caractéristiques physiques du photon, et en expliquant le comportement d'un électron. Le photon devenait, dans le contexte d'un champ électromagnétique quantique, le vecteur incontournable des interactions à distance des électrons, et ainsi le responsable de la force électromagnétique. C'est Feynman, à partir de 1940, qui va entièrement développer l'électrodynamique quantique et relativiste.

Rappelons pour conclure l'exemple du champ gravitationnel, qui a en apparence quelques similitudes avec le champ électromagnétique. Newton ne s'expliquait pas comment les planètes, et plus généralement les objets dotés d'une masse, pouvaient s'attirer à distance. Actuellement, les scientifiques pensent que cela est le fait d'une particule appelée « graviton », qui jouerait le même rôle que le photon dans le contexte d'un champ électromagnétique. Cependant, cette particule n'a toujours pas été découverte.

Après 1932, année de ses trente ans, l'œuvre purement créatrice de Dirac est finie, mais il suivra toute sa vie avec une très grande attention le développement des recherches, notamment celles sur la théorie quantique des champs. En 1933, il partage avec Schrödinger le prix Nobel de physique théorique.

De 1932 à 1969, il est professeur à l'université de Cambridge. En 1970, il est nommé professeur à l'université de Floride, fonction qu'il exercera durant douze ans. Pendant cette période, toujours en solitaire, il continue ses publications scientifiques.

En octobre 1984, dans l'indifférence générale, meurt un des plus grands génies de la physique moderne, chef de file de la physique quantique théorique, découvreur de l'antimatière, initiateur de l'électrodynamique quantique relativiste. Il resta, tout comme Einstein, sans maître ni élève.

Apport de Dirac à l'élaboration de la physique quantique

Comme la vitesse d'un électron n'est pas négligeable par rapport à celle de la lumière, de Broglie, Heisenberg et Schrödinger n'étaient pas parvenus à introduire dans leurs équations les principes de la relativité restreinte d'Einstein. Dirac y parviendra. C'est pourquoi ses équations, à la fois quantiques et relativistes, collent parfaitement aux résultats expérimentaux, contrairement à celles de Heisenberg et de Schrödinger. Du même coup, il généralise, en les formalisant, les mécaniques matricielle et ondulatoire.

En découvrant le positron, antiparticule de l'électron, il ouvrit les portes d'un monde nouveau : l'antimatière.

Enfin, Dirac élabore la toute première ébauche de l'électrodynamique quantique qui permet, en quantifiant le champ électromagnétique classique de Maxwell, de réunir l'électromagnétisme et la physique quantique. Cette théorie lui permet d'émettre l'hypothèse que, dans un champ électromagnétique, les interactions à distance ne s'effectuent pas par d'hypothétiques lignes de force, mais par l'intermédiaire des photons, vecteurs de la force électromagnétique.

Les travaux de Dirac montrent que, dès son époque, les quanta ont envahi la plupart des domaines de la physique classique, donnant peu à peu aux phénomènes qu'elle décrit un aspect purement discontinu. Que de chemin parcouru depuis Planck, en trente ans !

LA RÉVOLTE D'EINSTEIN ET LE QUATRIÈME MOUSQUETAIRE

CHAPITRE 8

ALBERT EINSTEIN CONTRE NIELS BOHR

Au programme

- Quel statut pour la physique quantique ?
- Bohr et l'interprétation de Copenhague
- Einstein contre Bohr : le congrès de Solvay de 1927
- Le congrès de Solvay de 1930
- La dernière tentative d'Einstein
- La rupture est consommée

Quel statut pour la physique quantique ?

Les scientifiques (y compris Planck, c'est dire !) sont désormais forcés de reconnaître les succès de la physique quantique. Si beaucoup la jugent très incomplète et ne l'acceptent donc pas comme une théorie à part entière, d'autres la considèrent comme une théorie indépendante qui donne une image discontinue (par quanta) totalement inédite de la matière (atome, particule…) et du rayonnement électromagnétique (donc de la lumière). La physique quantique a déjà permis, en ce début de siècle, de comprendre certains phénomènes que la physique classique ne pouvait pas expliquer (corps noir, effet photoélectrique, spectres des fréquences des atomes…). Par ailleurs, elle est désormais parfaitement étayée par de solides formalismes mathématiques permettant d'effectuer des prédictions très précises, en parfaite adéquation avec la réalité expérimentale.

En 1927, Bohr, brillant, charismatique et chaleureux, jouit d'un prestige considérable. Il dirige depuis plusieurs années l'Institut de physique de Copenhague, lieu alors incontournable pour tout chercheur voulant s'investir dans la physique quantique et se faire connaître de ses pairs : conférences prestigieuses, discussions enflammées, avancées scientifiques… Bohr souhaite absolument réconcilier ces deux grands courants de pensée afin que la si controversée nouvelle physique quantique puisse se développer dans un contexte scientifique serein.

Voici un très bref résumé des aspects les plus déroutants de la physique quantique, vus plus haut, dans l'ordre chronologique de leur découverte :

- **La constante de Planck** : présente dans toutes les formules et les équations mathématiques décrivant le monde de l'infiniment petit, elle est l'emblème de la physique quantique.
- **La discontinuité** : à l'inverse du monde macroscopique, dans le monde microscopique, tout est quantifié (quanta d'action : Planck ; quanta lumineux ou photon : Einstein ; niveaux d'énergie dans les atomes : Bohr ; quantification des champs électromagnétiques : Dirac, etc.).
- **La dualité de la lumière** (et plus généralement du rayonnement électromagnétique), à la fois corpusculaire et onde : c'est l'un des faits les plus étonnants du monde microscopique. L'expérience de Young démontre que la lumière est une onde, mais Einstein, grâce à l'explication de l'effet photoélectrique, prouve qu'elle est aussi constituée de particules (photons).
- **Les probabilités** : elles sont utilisées pour expliquer tout phénomène microscopique. Einstein en a été l'initiateur.
- **L'indéterminisme** : sans raison d'être dans notre monde, il est en revanche omniprésent dans le monde microscopique, essentiellement du fait de l'utilisation des probabilités et du principe d'indétermination de Heisenberg.
- **Une particule matérielle** est toujours associée à une onde de matière (ou onde pilote) : en émettant cette hypothèse, confir-

mée matériellement depuis, Louis de Broglie put affirmer qu'une orbite dans un atome (décrit par Bohr) est une onde fermée stationnaire.

- **La fonction d'onde de Schrödinger** : elle est, pour Schrödinger, une onde de matière, mais Max Born l'emploie comme un outil permettant, à un instant t déterminé, de calculer la probabilité de trouver, dans un atome, une particule située dans un très petit volume d'espace.

- **Le principe de superposition** : inimaginable dans notre monde macroscopique, mais vérifié dans le monde microscopique. Une particule ou tout autre corps peut être dans deux états différents à la fois (le chat de Schrödinger est à la fois mort et vivant, une particule peut se trouver à deux endroits géographiques différents).

- **Le principe d'indétermination (ou d'incertitude)** : Heisenberg démontre qu'une précision exacte est impossible lors de mesures effectuées simultanément sur certains couples de caractéristiques physiques d'une particule (ainsi, on ne peut pas connaître avec précision à la fois la vitesse et la position d'une particule dans un atome). Par ailleurs, plus la précision est importante sur une de ces deux caractéristiques, moins elle sera bonne sur l'autre caractéristique. Ainsi, dans le monde microscopique, la notion de trajectoire n'a aucun sens : il est absurde de vouloir calculer le trajet d'une particule d'un point à un autre. Soulignons de nouveau que cette découverte a confirmé l'effondrement du déterminisme.

- **L'antimatière** : Dirac, en démontrant l'existence de l'antiparticule de l'électron, le positron, fait découvrir un autre monde. Plus tard, ce « monde » regroupant l'ensemble des antiparticules (chaque particule ayant sa propre antiparticule) sera appelé « antimatière ».

Le mode de pensée cartésien est de toute évidence inapplicable à l'univers quantique, lequel obéit à une logique se dérobant autant à nos sens les plus communs qu'aux raisonnements (intuitifs ou pas) qui nous servent à comprendre et à expliquer le monde macroscopique qui nous entoure.

Bohr et l'interprétation de Copenhague

Bohr veut absolument trouver une interprétation, si possible rationnelle, de cette insolite physique quantique. Et voici pourquoi :

- **La lumière**. Elle est, suivant les expériences, de nature soit ondulatoire, soit corpusculaire. En physique classique, si elle est une onde, elle ne peut pas être de nature corpusculaire, et vice versa. Ce n'est pas du tout le cas dans le contexte de la physique quantique. Comment interpréter cette situation ? Bohr tentera d'y apporter une réponse avec son principe de complémentarité.
- **La fonction d'onde de Schrödinger**. Pour Schrödinger, c'est une véritable onde qui décrit la réalité, déterminant à tout instant t la position géographique d'un électron (il s'agit donc d'un phénomène déterministe). En revanche, pour Max Born, ce n'est pas une onde, mais un outil probabiliste (cela colle parfaitement à l'indéterminisme de la physique quantique). Bohr trancha en faveur de Max Born, permettant à ce dernier d'obtenir le prix Nobel. Mais Born s'est peut-être trompé ! Une équipe de chercheurs français du CEA a, début 2010, réussi à prendre une photographie d'un électron chevauchant la fonction d'onde de Schrödinger, démontrant ainsi bel et bien l'existence de celle-ci. Cette expérience défie l'une des lois fondamentales de la physique quantique qui stipule qu'on ne peut pas, à un instant t, connaître à la fois et de façon précise la vitesse et la position géographique d'une particule !
- **Le principe de superposition**. Celui-ci est complètement étranger au monde macroscopique : l'interpréter reviendrait à soutenir qu'une porte peut être à la fois ouverte et fermée, ou que vous-même pouvez être au même instant ici et ailleurs.

Fin 1927, l'interprétation des événements du monde de l'infiniment petit est devenue la préoccupation majeure des physiciens et des mathématiciens ; dans le contexte de la physique classique, la notion d'interprétation n'avait pas à être utilisée, notre monde macroscopique étant par essence déterministe. Toute description des caractéristiques d'un corps physique (poids, vitesse, coordonnées géographiques…) à un instant déterminé permet de calculer sans ambiguïté, donc sans aucune interprétation possible, sa position à un instant ultérieur, ou mieux encore sa trajectoire – laquelle est, de plus, tout simplement visible.

Or, le monde microscopique est invisible aux sens humains. Un scientifique, pour le comprendre, ne peut donc qu'analyser les résultats des événements perceptibles dans notre environnement macroscopique (pensez au corps noir, à l'effet photoélectrique, au mouvement brownien) et qui sont, bien sûr, la conséquence des événements du monde microscopique. Ensuite, le physicien ou le mathématicien essayera d'élaborer un formalisme mathématique censé traduire la réalité invisible du monde de l'infiniment petit. Enfin, par tâtonnements, il affinera ce formalisme jusqu'à le rendre conforme aux événements du monde macroscopique. Ce n'est qu'à ce moment qu'il saura si son formalisme est juste. Aucun savant quantiste n'a échappé à cette démarche pour étayer ses découvertes.

C'est pourquoi, avec Heisenberg, Born, Pauli, Jordan et Dirac, Bohr, durant deux ans, va très sérieusement préparer les fondements de son interprétation qui prendra le nom de son institut de Copenhague.

Élaboration des principes de Bohr

Comme la physique quantique est incompréhensible pour le plus grand nombre mais pertinente dans ses résultats, l'idée directrice de Bohr et de ses collaborateurs a été de s'intéresser non pas à ce que nous sommes incapables de percevoir (l'infiniment petit), mais aux formalismes mathématiques correspondants, qui donnent les résultats les plus conformes possibles à la réalité des faits observables au niveau macroscopique.

Partant de ce concept, ils ont rédigé des principes, ou postulats, purement opérationnels, étayés par des procédures mathématiques et comportant un certain nombre d'opérations à exécuter. Un scientifique expérimentateur devra impérativement suivre ces opérations pour être sûr d'obtenir les bons résultats. Par exemple, pour le principe d'interprétation probabiliste de la fonction d'onde de Schrödinger, l'expérimentateur disposera de plusieurs algorithmes mathématiques différents, suivant l'état dans lequel se trouve le système quantique, pour pouvoir calculer, par exemple, la probabilité qu'une particule soit présente en un endroit déterminé. Ces algorithmes sont purement opérationnels et n'ont pas à être interprétés, aussi l'expérimentateur doit-il les appliquer sans y réfléchir, certain de parvenir ainsi aux meilleurs résultats possibles. Bohr considère même qu'il est inutile de faire des spéculations sur l'état d'un système quantique avant d'effectuer une mesure ! Il veut ne s'en tenir qu'aux faits observables, sans que ceux-ci puissent expliquer quoi que ce soit du système quantique analysé. La physique quantique, construite entièrement sur des formalismes mathématiques, est bien purement prédictive.

La figure suivante propose une approche systémique pour mieux comprendre ce contexte de travail particulier. Les scientifiques quantistes réduisent chaque événement du monde microscopique à une « boîte noire » (dont il est, bien entendu, impossible de visualiser le contenu) dans laquelle ils injectent, grâce à un formalisme mathématique, des hypothèses expérimentales (flux entrants) pour « sonder » et faire réagir les particules contenues dans cette boîte (flux opérants) puis récupérer les résultats (flux sortants) pour les confronter à la réalité du monde macroscopique. Si le résultat n'est pas probant, l'expérimentateur peut activer un nouveau cycle avec un autre formalisme mathématique qui lui semblera mieux approprié.

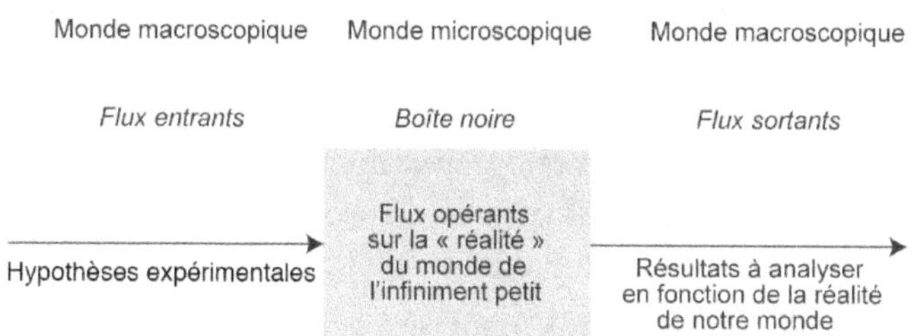

Cette « boîte noire », qui représente (au sens physique du terme) un système fermé, marque les limites entre les mondes macroscopique et microscopique. Mais comment s'effectue le passage entre le monde quantique et le nôtre ? La réponse ne viendra qu'un demi-siècle plus tard grâce à la découverte du phénomène de « décohérence », que nous développerons dans la conclusion de cet ouvrage.

Aussi les principes édictés par Bohr émanent-ils essentiellement des paradoxes décrits précédemment comme des principes : indétermination, superposition, réduction du paquet d'ondes, interprétation probabiliste de la fonction d'onde, complémentarité… Bohr a beaucoup réfléchi à ce dernier principe, qui lui est très personnel. En partant de la dualité de la lumière (onde ou corpusculaire), il émet l'idée qu'un objet quantique ne peut être perçu que sous un seul aspect, selon les conditions de l'expérience, donc les mesures effectuées par l'expérimentateur. Ainsi, dans l'expérience de Young où deux fentes sont pratiquées dans un écran, la lumière envoyée sur cet écran se comporte comme une onde, révélée par les franges d'inférences qui se voient sur le second écran, derrière le premier. Mais si on obstrue une des fentes, les franges d'inférences disparaissent. Pour Bohr, les deux aspects d'un objet quantique sont complémentaires, mais l'expérimentateur ne pourra voir qu'un seul des deux aspects, selon l'expérience qu'il veut effectuer (ici, l'utilisation d'une ou de deux fentes).

Ce n'est qu'au moment où l'expérimentateur effectue une mesure que la particule dévoile, grâce au phénomène de la réduction du paquet d'ondes, certaines de ses caractéristiques physiques, qui sont étroitement liées au protocole suivi lors de la mesure. Ceci est en complète contradiction avec notre monde macroscopique, où les caractéristiques physiques d'un objet ne sont aucunement tributaires de l'établissement d'une quelconque mesure.

Ce principe dit de complémentarité a été généralisé par Bohr à tout objet, tout phénomène quantique étudié. Peu à peu, ce principe est devenu pour lui le plus important de la physique quantique, prenant un aspect quasi philosophique, voire religieux.

Einstein contre Bohr : le congrès de Solvay de 1927

Bohr profite du cinquième congrès de Solvay, tenu à Bruxelles en septembre 1927 (ce célèbre congrès avait été créé en 1911 par le riche industriel chimiste du même nom), pour expliquer le plus pédagogiquement possible les formalismes mathématiques de Heisenberg, de Schrödinger et de Dirac. Son autre objectif, non avoué mais tout aussi important, est de faire adhérer l'ensemble de la trentaine de physiciens présents (et surtout les plus réticents : Planck, Einstein, Lorentz, de Broglie, Schrödinger) aux fondements de la physique quantique explicitée par les principes ou postulats cités précédemment et, bien sûr, à leur interprétation.

Malheureusement, cela ne se passe pas comme Bohr l'avait espéré. L'opposition, bien que très amicale, est féroce, avec à sa tête un ennemi irréductible : Einstein. Lui qui a complètement bouleversé le paysage de la physique dite classique se trouve alors au sommet de sa gloire. Il devrait être le plus heureux des hommes, mais son génie lui a joué un tour : lui qui ne croit qu'au déterminisme a été obligé d'utiliser les probabilités pour démontrer l'existence de l'atome, et plus généralement pour comprendre ce qui se passe réellement au niveau de l'infiniment petit. Certes, Einstein n'est pas opposé à l'utilisation des probabilités, mais il pense qu'elles ne peuvent être employées que comme simples outils mathématiques : elles ne doivent en aucun cas constituer une théorie à part entière dont le seul objectif serait de fournir des résultats sans rien nous apprendre sur la réalité du fait lui-même et sans décrire le monde microscopique. Pour Einstein, la physique quantique est un non-sens scientifique : elle n'explique rien, elle est incapable de décrire la nature des choses et elle donne des résultats certes justes, mais obtenus par des raisonnements probabilistes ! Elle est donc forcément incomplète ; son indéterminisme fondamental oblige les chercheurs à se contenter de résultats sans en comprendre l'origine ni le pourquoi. Einstein ne peut accepter cette cécité intellectuelle : pour lui, seule la théorie décide de ce que l'on peut observer. Or, la physique quantique tend à démontrer que le monde microscopique des particules est, à un instant précis, inobservable. Einstein est persuadé que l'utilisation des probabilités n'est qu'une sorte d'expédient provisoire permettant de pallier l'absence de certains paramètres et de certaines fonctions techniques restant à découvrir pour comprendre réellement le comportement individuel de chaque particule. Il lui paraît évident qu'il doit exister une courbe d'évolution scientifique normale entre les théories de Galilée, de Newton, de Maxwell, les siennes propres (relativistes) et celle, plus générale, qui reste à découvrir et qui unifierait la gravitation et l'électromagnétisme, reléguant ainsi cette maudite physique quantique à une utilisation très ponctuelle, voire aux oubliettes. Il est persuadé que la découverte d'un nouveau formalisme engendrera de nouvelles équations mathématiques qui permettront de calculer précisément et sans aucune ambiguïté les caractéristiques physiques des particules élémentaires (leur position, leur vitesse, leur quantité de mouvement…). La physique redeviendrait ainsi cohérente et déterministe, donc prévisible et explicable : en un mot, normale !

Enfin, n'oublions pas qu'Einstein, bien que non-croyant au sens classique, est une sorte de mystique scientifique ; il a la conviction profonde que le « Vieux » (son Dieu) n'a pas pu concevoir une nature non compréhensible. Tout doit pouvoir s'expliquer, il faut absolument découvrir le projet divin – peut-être dissimulé sous la forme d'une théorie unitaire…

Le congrès de Solvay de 1927 entérine définitivement le désaccord profond entre Einstein et les tenants de l'interprétation de Copenhague (Bohr, Heisenberg, Dirac…). Même si tous le vénèrent comme un maître, quelle désillusion pour eux qui attendaient de sa part encouragements et conseils avisés ! N'est-il pas l'un des pères incontestés de la physique quantique, lui qui crut seul aux quanta durant plus de vingt ans, contre l'incrédulité générale du monde scientifique, et a utilisé des concepts mathématiques novateurs bâtis sur de nouveaux outils statistiques ? Hélas, le père ne veut pas reconnaître ses enfants.

Durant toute la durée du congrès, Einstein ne cesse de critiquer ces nouveaux travaux, attendant patiemment qu'une faille se dessine dans l'édifice de cette maudite physique quantique. En fait, il n'a tout simplement pas de théorie à opposer aux succès expérimentaux de celle-ci, d'où son attitude à la fois négative et agressive mais sans contribution constructive, alimentant seulement ses incessantes controverses avec Bohr. D'ailleurs, lors de ce congrès, d'autres savants (Planck, Lorentz, de Broglie, Schrödinger…) expriment à maintes reprises leur mécontentement face au peu de clarté conceptuelle affichée par Bohr. Mais la majorité des congressistes ne s'en émeut guère, puisque la physique quantique se révèle toujours aussi exacte dans ses prédictions.

Le congrès de Solvay de 1927 sera scientifiquement très important pour le restant du XXe siècle. Einstein, en provoquant une rupture intellectuelle définitive avec le formalisme mathématique véhiculé par la nouvelle physique quantique, créa une scission idéologique profonde avec Bohr et ses amis. La majorité des physiciens prendront le parti de Bohr et s'impliqueront davantage dans la physique quantique, qui ne cessera plus de se développer.

Le congrès de Solvay de 1930

Trois ans après, Einstein reste fidèle à lui-même. Il monte une expérience de pensée pour démontrer que certains principes de base de la nouvelle physique quantique sont faux, notamment celui lié au principe d'indétermination d'Heisenberg, qui stipule que nous ne pouvons pas connaître à la fois la position et la vitesse d'une particule et le temps mis par cette dernière à parcourir une trajectoire et sa quantité de mouvement.

L'expérience de pensée d'Einstein consiste, grâce à un appareil imaginaire (appelé depuis « boîte à photons »), à libérer un seul photon provenant d'une source lumineuse. Quand celui-ci, pour sortir de la boîte, passe par un petit trou, une horloge située à l'extérieur enregistre son temps de passage, tandis qu'au même moment une balance détermine par différence son poids, calculé grâce à $E = mc^2$ (énergie de tous les photons moins celle du photon échappé). Théoriquement, cette expérience de pensée met le principe d'indétermination d'Heisenberg en défaut, puisqu'elle permet de connaître avec précision en même temps la masse d'un photon et l'instant exact auquel s'est effectuée la pesée.

Cette expérience fait l'effet d'une douche glacée sur l'assistance du congrès. Einstein a réussi son coup : il a mis en échec un principe fondateur de la nouvelle physique quantique. Tous les participants sont au comble de l'excitation : si Einstein a raison, cette dernière n'a plus lieu d'exister en tant que véritable théorie physique ! Bohr est effondré mais réfléchit toute la nuit suivante pour trouver une riposte imparable. Paradoxalement, il la trouvera grâce à des arguments issus des théories relativistes d'Einstein !

L'horloge se trouvant à l'extérieur de la « boîte à photons », elle est forcément située dans un référentiel différent d'une autre horloge qui pourrait être située à l'intérieur de la boîte, et donc pas au même endroit du champ gravitationnel de la Terre. Cela entraîne, comme Einstein l'a démontré dans sa théorie sur la relativité générale, une différence dans les temps indiqués par les deux horloges, sous-tendant forcément une incertitude quant au temps indiqué par l'horloge située à l'extérieur de la « boîte à photons ». De plus, fait déterminant, Bohr démontre facilement que cette incertitude est identique à celle prévue par la formule d'Heisenberg. Le principe d'indétermination est bien vérifié, et la nouvelle physique quantique définitivement sauvée !

Einstein capitule et quitte le congrès de Solvay de très méchante humeur ; ces maudites particules de l'infiniment petit ont décidément un comportement bien étrange. Très vexé, il n'a rien écrit sur son expérience de pensée, lui qui est d'habitude si prolixe. C'est Bohr, certainement ravi de l'échec de son adversaire, qui s'est empressé de la décrire dans le détail[3].

La dernière tentative d'Einstein

En 1934, Einstein a trouvé refuge aux États-Unis. Pourchassé par les sbires d'Hitler, il a fui avec sa femme pour s'établir à Princeton, dans le New Jersey, où il a accepté un poste de professeur de physique théorique à l'Institute for Advanced Study.

Il n'a pas abandonné son combat contre la nouvelle physique quantique et pense lui avoir trouvé une nouvelle faille : il s'interroge sur le fait que deux particules « corrélées » ou « intriquées » (ayant un passé commun, par exemple deux photons issus d'un même atome) doivent, suivant la physique quantique, toujours se comporter de façon identique, quelle que soit la distance qui les sépare. Pour démontrer l'illogisme de cette situation, Einstein monte avec ses collaborateurs Boris Podolsky et Nathan Rosen une expérience de pensée qui lui semble enfin prouver que la nouvelle physique quantique est forcément incomplète. Il imagine deux particules issues d'un même atome (donc intriquées) qui partent dans deux directions opposées. L'une des deux est soumise à une contrainte matérielle qui l'oblige à réagir d'une certaine façon. Selon les principes fondamentaux de la physique quantique, si on fait subir à l'une des

---

3. *In* Paul Arthur Schilpp, *Einstein philosopher-scientist*, Cambridge University Press, 1949, chap. *« Discussion with Einstein on Epistomological Problems in Atomic Physics »*.

deux particules une contrainte pour la faire réagir d'une certaine façon, l'autre particule, quelle que soit la distance qui les sépare, aura exactement le même comportement. Ainsi, si l'une des particules fait un certain « choix », l'autre le « sait » instantanément et peut l'imiter.

Einstein peut encore accepter que ce phénomène invraisemblable soit vrai dans le monde de l'infiniment petit, mais cela signifierait aussi qu'un signal peut se transmettre de façon instantanée, donc plus vite que la vitesse de la lumière. Or, selon sa théorie sur la relativité restreinte, cela est absolument impossible. Ces deux particules intriquées doivent donc avoir au départ une caractéristique physique commune, indépendante de toute mesure. Mais c'est de nouveau impossible, car cela serait contraire à un des principes fondamentaux de la physique quantique : c'est seulement au moment où l'expérimentateur effectue une mesure sur une particule qu'est déterminée la valeur d'une des caractéristiques physiques de cette particule (vitesse, position, quantité de mouvement…).

Pour Einstein, ces impossibilités démontrent que la physique quantique est bien une théorie incomplète et qu'il existe dans les particules quantiques des « variables (ou caractéristiques) cachées » restant à découvrir.

Cette expérience de pensée, publiée en 1935 dans la revue américaine *Physical Revue* avec le titre « Peut-on considérer que la physique quantique donne de la réalité physique une description complète ? », sera par la suite appelée « paradoxe EPR » (comme les initiales des noms des auteurs : Einstein, Podolsky et Rosen).

Bohr trouve cette nouvelle charge d'Einstein très pertinente et très importante, et s'en sort par une explication qui n'est pas une véritable démonstration. Schématiquement, il explique que l'expérience de pensée d'Einstein n'a aucun sens logique, dans la mesure où, dans le contexte de la physique quantique, on doit considérer les deux particules comme un tout indissociable et identique, se situant dans le contexte d'un même ensemble ou d'un même référentiel. Cela n'est selon lui pas le cas dans l'hypothèse d'Einstein, qui considère chaque particule comme indépendante et donc maîtresse, dans son référentiel, de son propre comportement.

Par ailleurs, Bohr réfute catégoriquement la notion de variables cachées : pour lui, dans le contexte de la physique quantique, il ne peut pas exister de « préprogrammation » des caractéristiques physiques d'une particule puisque, répétons-le, ce n'est qu'au moment où l'expérimentateur fait une mesure sur une particule que l'on peut connaître la valeur d'une de ses caractéristiques physiques.

En réalité, les éclaircissements de Bohr ne sont guère convaincants et n'apportent rien sur le fond du problème posé. Einstein reste sur sa faim, mais la réponse gênée et alambiquée de Bohr prouve qu'il a raison : cette physique quantique, caduque, doit être remplacée par une autre plus générale, dotée de concepts scientifiques complémentaires. Einstein confirme ainsi, dans le contexte de cette intrication, qu'il existe bien dans les particules des variables cachées communes permettant à deux particules intriquées, éloignées l'une de l'autre, d'avoir instantanément le même comportement.

Nous décrirons plus loin les expériences réalisées dans les années 1980, notamment par le physicien français **Alain Aspect**, qui semblent prouver que Bohr avait entièrement raison. Le monde de l'infiniment petit est décidément incompréhensible

La rupture est consommée

Le dernier coup d'Einstein, qui marquera la fin de la confrontation publique houleuse entre les deux savants, visait un double objectif : déstabiliser Bohr dans sa foi inébranlable en la physique quantique et démontrer que celle-ci ne peut pas être une théorie physique à part entière. Leurs chemins de chercheurs vont alors diverger complètement et définitivement.

Tandis que Bohr apporte de multiples contributions à la physique quantique, Einstein, en solitaire, perd trente ans de sa vie en vaines recherches pour essayer d'élaborer une théorie unitaire appelée plus tard « théorie du Tout ». Ses tentatives ont comme point de départ la théorie sur la relativité générale pour, d'une part, englober l'électromagnétisme et, d'autre part, éliminer la physique quantique en tant que théorie.

Or, il semble que cette dernière soit actuellement en train de se venger. En effet, ne pourrait-on pas retrouver, en inversant le tout, la théorie relativiste gravitationnelle d'Einstein en partant des concepts quantiques ? Les trente années de recherches infructueuses d'Einstein ont en quelque sorte servi de leçon à des milliers de chercheurs, qui explorent aujourd'hui cette voie dans l'objectif d'expliquer « quantiquement » la gravitation. Cette « unification quantique » de la physique tout entière (s'exprimant aussi par une intégration des quatre forces) est certainement le pari fondamental de la recherche théorique scientifique mondiale du XXIe siècle. Paradoxalement, elle réduirait les théories relativistes d'Einstein à des cas particuliers, comme lui-même l'avait fait des théories de Newton et de Maxwell.

S'il est terrible qu'Einstein ait perdu trente ans de sa vie de chercheur génial dans ses convictions quelque peu mystiques, son attitude très critique vis-à-vis de la physique quantique a permis aux défenseurs de celle-ci d'approfondir et donc de préciser certains de ses concepts d'abord flous.

RICHARD FEYNMAN (1918-1988) LE QUATRIÈME MOUSQUETAIRE

Au programme

- L'électrodynamique quantique
- La théorie quantique des champs
- Une vie consacrée à la physique quantique

Richard Feynman naît le 11 mai 1918 aux États-Unis et passe son enfance et son adolescence près de New York. Contrairement à Einstein, c'est un élève brillant qui s'intéresse à tout. Sa curiosité insatiable l'amène à construire des circuits électriques, réparer des radios, créer des systèmes antivol… Il est agréable, enjoué et farceur, très apprécié de ses camarades et professeurs. Il a la chance d'être initié à la physique quantique par un professeur dès le lycée. À dix-sept ans, après avoir passé son examen de fin de premier cycle, il intègre le célèbre MIT de Boston où il approfondit les formalismes mathématiques des physiques classique et quantique.

En 1939, à seulement vingt et un ans, il obtient un poste d'assistant à la prestigieuse université de Princeton. Trois ans après, il rédige sa thèse de doctorat, point de départ d'une carrière remarquable à la fois de chercheur théorique et d'enseignant.

L'électrodynamique quantique

Au début de 1940, Feynman est convaincu que les formalismes quantiques de Heisenberg, de Schrödinger et de Dirac sont incomplets car ils ne traitent, dans leurs équations, la description et le cheminement que d'une seule particule (dotée d'une charge électrique) située dans un champ électromagnétique. Aussi ne peuvent-ils pas s'appliquer aux phénomènes existant au sein de ce champ où interagissent, parfois simultanément, plusieurs particules. On l'a vu, la première tentative d'élaboration d'une théorie sur l'électrodynamique quantique tenant compte de cette situation fut réalisée par Dirac en 1927, puis concrétisée en 1931 par **Wolfgang Pauli (1900-1958)** et Schrödinger sous la forme d'une première ébauche mathématique très hermétique, pour ne pas dire incompréhensible. Comme toutes les tentatives des dix dernières années pour faire évoluer les recherches dans ce domaine ont échoué, Feynman commence les siennes pour élaborer une théorie complète de l'électrodynamique quantique. Plusieurs années plus tard, il atteindra son objectif grâce à la création de deux concepts : ses « intégrales de chemin » et ses « diagrammes ».

Intégrales de chemin

Au tout début de sa réflexion, Feynman adopte et complète cette hypothèse de Dirac : puisque le champ électromagnétique ne joue aucun rôle dans les interactions entre les particules qui existent en son sein (impliquant l'inexistence des lignes de force), d'autres particules doivent permettre ces interactions. Comme Dirac, Feynman a l'intime conviction que ce sont les photons qui transmettent les forces d'un champ électromagnétique.

Prenons l'exemple d'un atome d'hydrogène et analysons les interactions entre les deux particules que sont le proton, doté d'une charge positive, et l'électron, doté d'une charge négative. Ces deux particules de charges électriques opposées s'attirent et, bien entendu, interagissent grâce aux photons.

Le proton (figure suivante), qui fait partie du noyau de l'atome, est considéré comme immobile, l'électron étant censé se trouver quelque part à 360 degrés autour de lui, variant constamment de position, à la fois dans sa place et dans sa distance par rapport au proton, en fonction du temps qui s'écoule. Cette situation est due à un échange constant d'une multitude de photons, vecteurs de ces interactions perpétuelles entre le proton et l'électron, qui permet au proton de « garder » l'électron près de lui. La position de l'électron à un instant déterminé est évidemment totalement aléatoire, et donc entièrement liée à une probabilité.

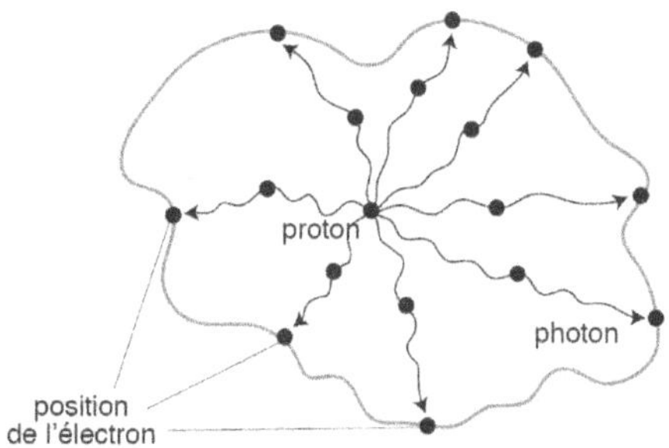

Feynman, en s'appuyant sur les hypothèses précédentes, se demande comment un photon se déplace d'un point d'un champ électromagnétique à un autre, et plus précisément comment, dans un temps déterminé, il « choisit » son chemin d'une particule à une autre afin d'exercer le plus rapidement possible son rôle de vecteur de force.

Comme de Broglie, il connaît le « principe de moindre action » de Fermat qui stipule que la lumière, parmi les trajets qu'elle peut prendre, choisit toujours celui où la quantité d'action est la plus petite. Il en déduit qu'un photon (quanta de lumière) doit obéir au même principe et toujours choisir (voir figure suivante), durant un temps déterminé, le « chemin » doté d'une quantité d'action minimale. Celle-ci correspond à la moyenne de la différence entre les énergies cinétique (E_c) et potentielle (E_p) mises en jeu durant tout le « chemin » suivi par le photon.

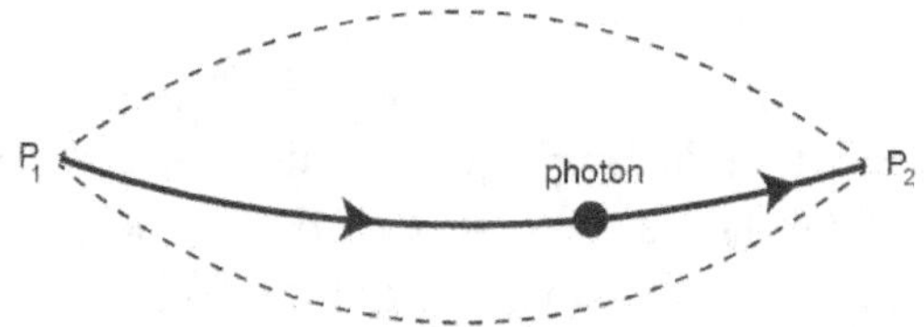

Trait plein : « chemin » du photon dans lequel la quantité d'action est minimale.
Traits pointillés : autres « chemins » possibles, dans lesquels la quantité d'action
est supérieure.

Pour passer de l'approche classique de Fermat à l'approche quantique, Feynman s'appuie sur les travaux de Dirac qui avait trouvé, en 1933, un opérateur mathématique dit « lagrangien » et représenté par une matrice dont tous les éléments sont numériques. Il a l'intuition que celui-ci peut être utilisé dans le « principe de moindre action » dans un contexte quantique, puisqu'il permet de transformer la fonction d'onde $\Psi(x_1,t_1)$ de Dirac, calculée au temps t_1, en une autre fonction d'onde $\Psi(x_1,t_2)$, calculée au temps t_2 (le temps $t = t_1 - t_2$ étant considéré comme infinitésimal).

Le travail de Feynman, tout en s'appuyant sur le « principe de moindre action » de Fermat, va donc d'abord essentiellement consister à généraliser l'opérateur lagrangien de Dirac pour, *in fine*, en élaborer un autre.

Dans un deuxième temps, en considérant que tout le « chemin » suivi par le photon peut être segmenté en plusieurs intervalles, Feynman utilise son opérateur pour relier deux fonctions d'onde $\Psi(x_1,t_1)$ différentes qui, par le calcul, permettent de décrire un intervalle suivi par un photon dans un temps $(t_2 - t_1)$ non pas infinitésimal, mais quelconque, ce qui est très important.

Dans un troisième temps, Feynman élabore une méthode appelée « intégrales de chemin ». Il s'agit d'un outil mathématique qui, tout en intégrant le « principe de moindre action », permet de calculer la trajectoire complète d'un photon dans un champ électromagnétique en effectuant de proche en proche la somme de tous les intervalles du « chemin » suivi par ce photon. Grâce à ces « intégrales de chemin », on peut définir progressivement la trajectoire complète d'un photon d'un point à un autre, dans un champ électromagnétique, durant un temps quelconque. Aucun scientifique n'avait réalisé cela avant lui !

Par cette démarche innovante, Feynman crée un nouveau formalisme quantique non relativiste, qui explique autrement que celles de Heisenberg, Schrödinger et Dirac les interactions entre photons et électrons au sein d'un atome.

Le 3 juin 1942, il présente ces travaux dans sa thèse de doctorat, « Le principe de moindre action en physique quantique », devant un jury ravi par ses découvertes et conquis par sa très grande pédagogie.

Généralisation

De 1942 à 1945, Feynman participe au projet « Manhattan », qui aboutit à la construction de la bombe atomique, abandonnant ainsi pendant trois ans ses recherches personnelles. Il les reprend en octobre 1945 quand il est nommé professeur à l'université Cornell.

Tout d'abord, il formalise et approfondit les travaux développés dans sa thèse pour les publier en avril 1948 dans le journal *Review of Modern Physics* sous le titre « Approche spatio-temporelle de l'électrodynamique quantique ».

Ensuite, il généralise sa théorie en tenant compte des effets relativistes dus au déplacement rapide des électrons et des photons. Ses nouvelles recherches, publiées en septembre 1949 dans la revue *Physical Review* sous le titre « Approche spatio-temporelle de l'électrodynamique quantique relativiste », apportent la plus grande précision nécessaire à une parfaite adéquation avec les résultats obtenus matériellement.

Les diagrammes de Feynman

Les « intégrales de chemin » permettant de calculer l'opérateur lagrangien de Feynman sont fastidieuses et parfois très difficiles à utiliser. Conscient de ces difficultés qui nuisent à l'utilisation de sa théorie, Feynman développe un outil graphique pour visualiser les événements se déroulant au niveau de l'atome lors des interactions entre électrons et photons : ces très célèbres « diagrammes de Feynman » ont permis une meilleure compréhension des concepts de l'électrodynamique quantique, mais surtout une plus grande facilité dans l'exécution des différents calculs.

Cette approche graphique comporte plusieurs représentations de base, dont les quatre principales sont les suivantes :

* un électron qui se déplace est représenté par un trait plein avec une flèche indiquant la direction de son déplacement :

* un photon qui se déplace est représenté par un trait ondulé :

* une interaction entre le trajet d'un électron et celui d'un photon est représentée par l'élément graphique suivant (un électron change de direction quand il absorbe ou émet un photon) :

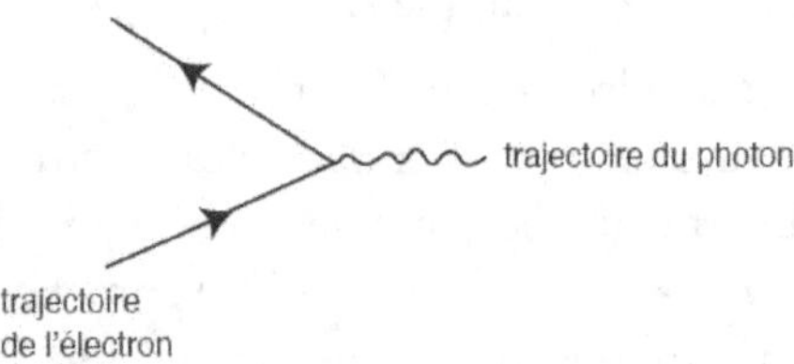

- une annihilation entre un électron et un anti-électron (positron) créant un photon est représentée comme suit :

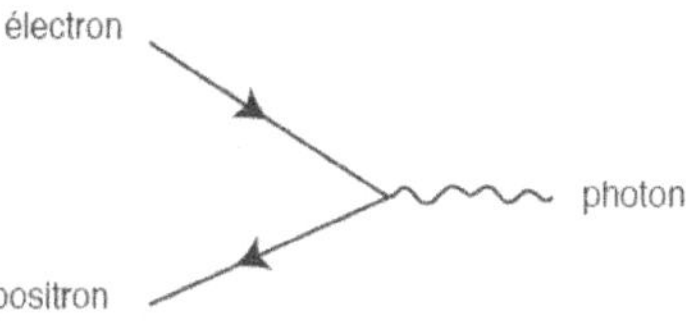

Rappelons que dans un contexte relativiste ces représentations graphiques sont utilisées dans un espace-temps à quatre dimensions où le temps s'écoule de gauche à droite, c'est pourquoi leur orientation est très importante. Ainsi, si la représentation de la figure précédente a l'orientation ci-dessous, elle indique l'inverse : la création d'un électron et d'un positron à partir d'un photon.

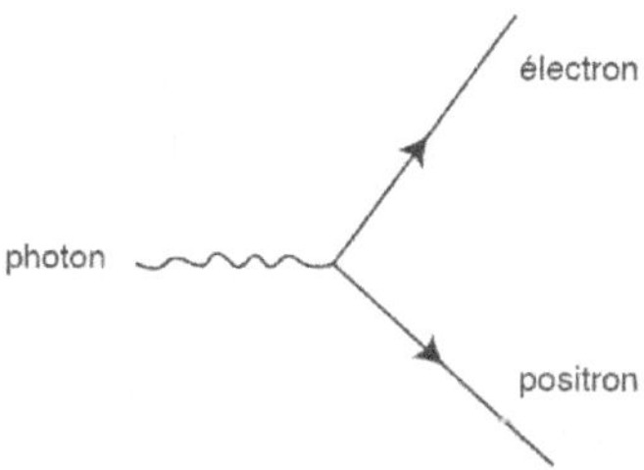

Enfin, la trajectoire complète d'une particule peut être visualisée par un diagramme général, combinaison de l'ensemble des diagrammes de base.

Prenons un exemple simple.

L'interaction de deux électrons qui se repoussent est représentée par le diagramme suivant :

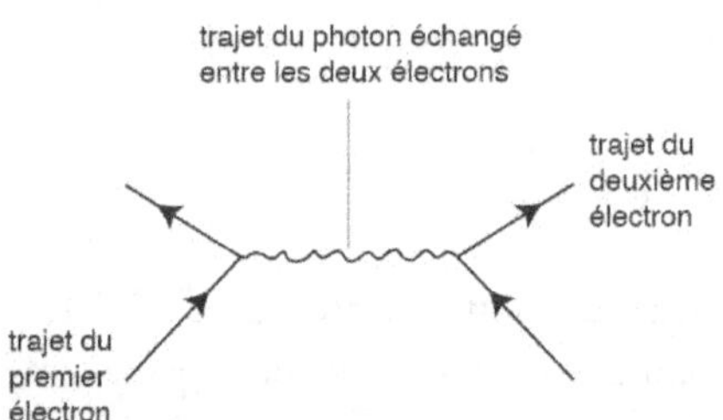

Attention, les « diagrammes de Feynman » ne sont pas seulement des représentations graphiques : ils permettent aussi de réaliser les calculs successifs permettant de connaître une « intégrale de chemin », c'est-à-dire la trajectoire complète d'une particule dans un champ électromagnétique. À chaque représentation de base d'un diagramme sont associées les caractéristiques physiques de cette particule (vitesse, quantité de mouvement, conservation de l'énergie…), sur lesquelles peuvent s'effectuer très facilement différents calculs.

Rappelons que l'énergie liée à une interaction entre deux particules fait que, grâce à $E = mc^2$, le nombre et la nature des particules ne sont généralement pas identiques avant et après une interaction (voir diagrammes ci-dessus). Ainsi, on peut assimiler (voir figure suivante) une interaction de particules à un système, au sens *systémique* du terme (en considérant des flux entrants, opérants et sortants).

C'est à ce niveau que les probabilités, en physique quantique, jouent un rôle capital pour calculer la trajectoire complète d'une particule. En effet, chaque interaction pouvant générer plusieurs résultats différents (au niveau du nombre et de la nature des particules), il faut connaître la probabilité d'apparition de chacun de ces résultats. Ces différentes probabilités sont calculées successivement pour chaque représentation de base du diagramme général. À chaque représentation de base d'un diagramme de Feynman sera donc associée une probabilité (liée à l'opérateur lagrangien mentionné précédemment), caractérisant le passage de p à q particules quand une interaction entre les particules d'un champ électromagnétique se réalise. Rien d'étonnant à cela : Max Born, on l'a vu, avait démontré que la fonction d'onde de Schrödinger, liée à une particule, était en réalité une fonction probabiliste.

Ainsi, par des calculs successifs utilisant à la fois des caractéristiques physiques et des probabilités, un scientifique faisant la somme de ces calculs peut très facilement déterminer la trajectoire complète parcourue par une particule dans un champ électromagnétique.

Le problème des infinis

Dans ses premiers calculs, essentiellement à cause de règles de calcul liées à une certaine catégorie de diagrammes, Feynman aboutit à des valeurs infinies (notamment pour la masse et la charge d'une particule). C'est bien entendu aberrant. Il a alors recours à une astuce mathématique classique : il incorpore dans son opérateur lagrangien des paramètres (appelés « contre-termes » ou « infinis négatifs ») qui permettent d'éliminer ces infinis et de redonner des valeurs normales à certaines caractéristiques physiques. Cette technique est appelée « renormalisation ».

La théorie quantique des champs

D'un point de vue formel, la théorie quantique des champs (comme l'électrodynamique quantique) est née du fait que la physique quantique développée par Heisenberg, Schrödinger et Dirac était très incomplète : elle ne décrivait le comportement que d'une seule particule dans un champ particulier, appelé « électromagnétique », ne correspondant guère à la réalité. La théorie quantique des champs permet de calculer pour n'importe quel champ le déplacement simultané de plusieurs particules. Dans les faits, il s'agit tout simplement d'une généralisation de l'électrodynamique quantique (conçue pour un champ électromagnétique), qui devient ainsi applicable à n'importe quel autre champ (par exemple, les champs des interactions, ou forces nucléaires faibles et fortes...). Cette théorie n'apporte que peu de concepts véritablement nouveaux par rapport aux travaux de Feynman, mais elle a permis l'unification de la relativité restreinte d'Einstein et de la physique quantique.

La théorie quantique des champs s'est développée au fil de l'étude de la composition des rayons cosmiques et de la montée en puissance des accélérateurs de particules ; ceux-ci ont permis aux techniciens de monter des expériences appropriées pour vérifier, grâce à l'étude des collisions entre les particules produites, le bien-fondé des travaux de la recherche fondamentale et ainsi des modèles théoriques mathématiques élaborés par les chercheurs théoriciens.

Toutes ces recherches théoriques et ces travaux expérimentaux ayant permis la découverte de plusieurs centaines de particules, les scientifiques ont dû, pour des raisons évidentes de clarté, les classer par catégories et déterminer leurs interactions réciproques. On a donc établi progressivement deux grandes familles pour les particules de base trouvées ou à trouver (on le verra plus loin, ces travaux ont permis d'élaborer le « modèle standard ») :

- les « fermions » forment la matière : électron, quark (particule élémentaire composant les neutrons, les protons, les neutrinos),
- les « bosons » permettent aux fermions d'interagir : photons, bosons Z et W, gluons, gravitons. Ces particules sont des vecteurs de transmission, responsables des forces existant entre les fermions. Dans l'univers, il en existe quatre : force électromagnétique (photon), force nucléaire faible (bosons Z et W), force nucléaire forte (gluon), force gravitationnelle (graviton). Bien entendu, chacune d'entre elles est liée à un champ différent (champ gravitationnel, électromagnétique…).

D'après les diagrammes de Feynman, cette classification des forces peut se résumer dans les trois figures suivantes, où sont consignés les noms des bosons responsables des forces existant entre les particules de matière (on reparlera de la force gravitationnelle).

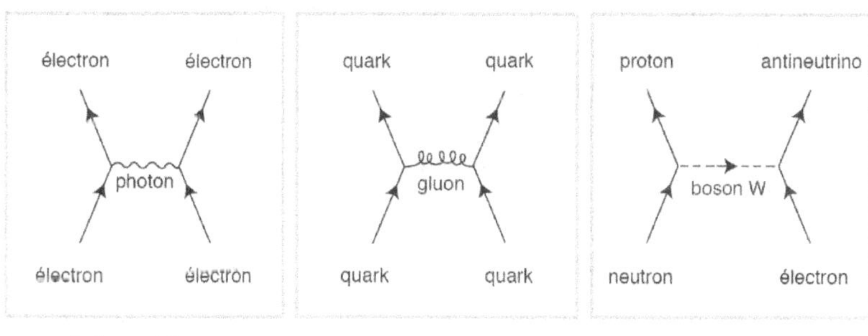

Interaction électromagnétique　　**Interaction forte**　　**Interaction faible**

Si certaines de ces particules ont été trouvées par l'analyse des rayons cosmiques, la majorité ont été découvertes grâce aux accélérateurs de particules.

L'échec lié à la gravitation

Au début des années 1950, Feynman essaie de faire entrer la théorie gravitationnelle relativiste, émanant de la relativité générale d'Einstein, dans le giron de la physique quantique[4]. Pour effectuer la quantification de la gravitation, Feynman suit la démarche déjà utilisée pour élaborer son électrodynamique quantique : il remplace le photon par une particule hypothétique, appelée « graviton », qui permet de transmettre l'interaction pouvant exister entre deux masses.

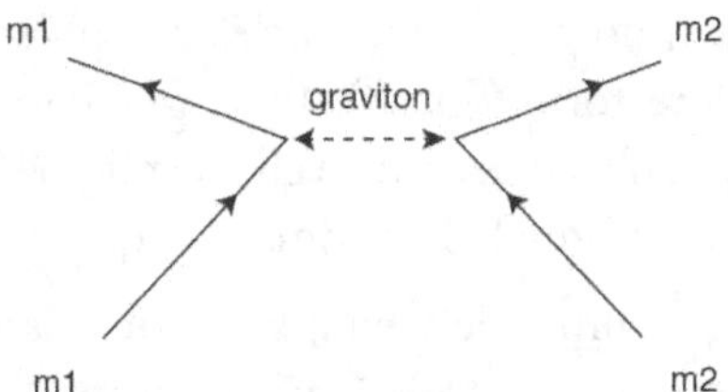

Mais il se heurte au problème des infinis, déjà rencontré mais résolu grâce à une procédure mathématique de renormalisation. Après deux ans de recherche, Feynman a la conviction que la gravitation n'est pas une théorie renormalisable : les calculs qu'il effectue au niveau d'un diagramme engendrent trop de données qui tendent vers l'infini. Cette fois-ci, il n'arrive pas à éliminer ce phénomène pour pouvoir réintégrer les données dans ses calculs.

Actuellement, ce problème n'est toujours pas résolu, d'autant plus que l'existence matérielle du graviton n'est toujours pas prouvée. C'est pourquoi la « théorie du Tout » (ou « Théorie universelle ») en physique n'est toujours pas réalisée : la théorie sur la relativité générale d'Einstein et la physique quantique sont, pour le moment, inconciliables !

---

4. Voir notre ouvrage *Comprendre Einstein, op. cit.*

Les interactions (ou forces) nucléaires faibles

Dans le contexte de la radioactivité, certains noyaux d'atomes (plutonium, thorium…) émettent naturellement des particules qui les rendent radioactifs. La responsable de ce phénomène, appelé « désintégration bêta », est la force faible (voir figure page 141). Découverte en 1927, elle transforme un neutron en trois particules (un électron, un proton et un antineutrino). Fermi, en 1934, avait réussi à donner une première explication mathématique de la force faible : en décrivant l'interaction des quatre particules impliquées dans cette désintégration, il a démontré que cette force faible peut être à la fois attractive (en maintenant la cohésion entre ces trois particules) et répulsive (en transformant un neutron en proton).

Cependant, les scientifiques s'aperçoivent vers les années 1950 que la théorie de Fermi n'est pas valable dans certains contextes (comme celui des hautes énergies atteintes par les accélérateurs de particules de cette époque) ; surtout, Fermi n'avait pas pu décrire la force faible comme une interaction entre des particules. Feynman s'y intéresse donc à partir de 1955.

En 1957, il crée une nouvelle théorie mathématique, généralisant celle de Fermi, et affirme que la force faible est le résultat d'une interaction entre les particules de matière (proton, électron…) et le boson W, dont l'existence a depuis été confirmée, en 1983, par l'accélérateur du CERN. Les physiciens américains **Murray Gell-Mann (1929),** prix Nobel de physique en 1969, et **Robert Marshak (1916-1992)** aboutirent, à la même époque, aux mêmes conclusions, mais avec des démarches mathématiques beaucoup plus lourdes.

En 1967, le physicien pakistanais **Adus Salam (1926-1996)** et les physiciens américains **Stephen Weinberg (1933)** et **Sheldon Lee Glashow (1932),** en s'appuyant essentiellement sur les travaux de Feynman, unifient la force nucléaire faible et la force électromagnétique en une seule force, appelée « force électrofaible ».

Les interactions (ou forces) nucléaires fortes

À partir de la deuxième moitié des années 1960, Feynman s'intéresse aux forces nucléaires fortes qui permettent, au sens large du terme, la cohésion du noyau d'un atome, et plus précisément la cohabitation des protons et des neutrons.

Les scientifiques se demandent alors si ces deux catégories de particules pourraient être élémentaires. En 1963, Murray Gell-Mann émet l'hypothèse qu'elles peuvent être composées de « quarks », qu'il considère comme des entités purement virtuelles permettant de créer de nouveaux modèles mathématiques pour, notamment, déterminer une classification des très nombreuses particules apparaissant lors des collisions dans les nouveaux et puissants accélérateurs de particules.

Ces incertitudes théoriques éveillent la curiosité de Feynman qui décide de construire, toujours à partir de son électrodynamique quantique, un modèle mathématique pour comprendre comment, et surtout sur quelles particules élémentaires (protons, neutrons ou autres) les interactions fortes agissent. Ses travaux l'amènent à penser que chaque proton, chaque neutron est composé de particules élémentaires qu'il appelle « partons » et sur lesquelles il construit sa théorie de « modèle des partons ». Il explique ainsi les résultats obtenus dans les accélérateurs de particules par certaines collisions effectuées dans le contexte de hautes énergies entre des électrons et des protons. Concrètement, il prouve que les partons sont bien les quarks de Gell-Mann, qui ne sont donc pas une fiction mathématique.

Les travaux de Feynman et de Gell-Man démontrent que protons et neutrons ne sont pas des particules élémentaires, puisqu'ils sont constitués de trois quarks chacun (voir figure ci-dessous), reliés par une force produite par les bosons, appelés gluons (prédits en 1963 et découverts grâce à l'accélérateur du CERN en 1973), vecteurs de cette interaction forte (ou force nucléaire).

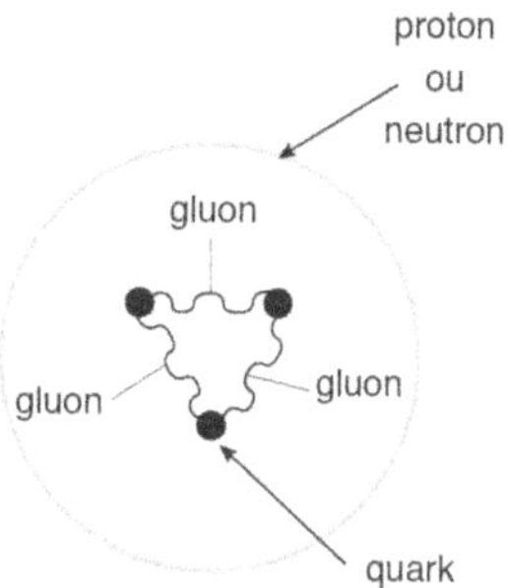

Notons que :

- Ces trois quarks inséparables représentent un état global lié (toute tentative pour enlever un quark se solde par la création d'un autre quark) ; c'est pourquoi on ne peut pas observer de quark seul. Ce phénomène est appelé « confinement ».

- La force qui relie deux quarks n'est pas, contrairement aux autres forces, inversement proportionnelle à la distance. Son action est totalement différente : plus on veut éloigner deux quarks, plus la force devient intense (comme un ressort que l'on étire) ; au contraire, plus deux quarks se rapprochent, plus la force s'affaiblit. Quand ils sont très proches l'un de l'autre, il n'y a plus d'interaction, ils sont en quelque sorte « libres ». Ce phénomène est appelé « liberté asymptotique ».

Dans son modèle des partons, Feynman avait aussi démontré la réalité de ces deux mécanismes.

La théorie qui décrit tous les phénomènes liés aux interactions fortes est appelée « chromodynamique quantique », ou QCD (*Quantum Chromo Dynamics*).

Le déshabillage de la matière

Actuellement, le quark représente le plus petit constituant connu de la matière, il est donc insécable. Peut-être les accélérateurs de particules nous démontreront-ils un jour autre chose ! La figure suivante montre comment la matière a été en quelque sorte « déshabillée » tout au long du XXe siècle.

L'être humain	Cellules	Atomes	Noyau	Proton et neutron		Quark
Un million d'années ?	XIXe siècle chimistes	1905 Einstein	1910 Rutherford	1913 Rutherford	1932 Chadwick	1963 Feynman Gell-Man
1,70 m	10^{-6} m	10^{-10} m	10^{-14} m	10^{-15} m	10^{-15} m	10^{-18} m

Une vie consacrée à la physique quantique

Richard Feynman fut à la fois un chercheur génial et un remarquable enseignant, adoré par ses étudiants. Il a été le savant le plus influent de l'après-guerre. En 1950, après avoir complètement formalisé son approche de l'électrodynamique quantique relativiste, il accepte le poste de professeur de physique théorique à l'université brésilienne de Caltech, qu'il occupera jusqu'à la fin de sa vie.

Durant plus de trente ans, Feynman, avec la même passion pour la physique quantique théorique, effectuera des recherches qui feront toutes l'objet de plusieurs publications et conférences internationales : réflexion sur une possible gravitation quantique (toujours non résolue), tentative d'explication de la superfluidité et de la supraconductivité, participation active à l'élaboration des théories concernant les interactions faibles et fortes agissant au niveau des noyaux atomiques, prémonitions futuristes sur la nanotechnologie et les calculateurs quantiques.

En 1986, Feynman participa aux travaux de la commission chargée de faire la lumière sur l'accident de la navette spatiale américaine *Challenger*, qui a explosé en vol le 28 janvier 1986. Il y gagna une extraordinaire popularité auprès des Américains en démontrant en direct à la télévision, avec un verre d'eau glacée, que l'accident provenait de la défaillance de petits joints de caoutchouc soumis à une très basse température (initiative non approuvée par la NASA !).

Pour l'ensemble de ses recherches, Feynman reçut en 1965 le prix Nobel de physique, conjointement avec deux autres physiciens, l'Américain **Julian Schwinger (1918-1994)** et le Japonais **Shinichiro Tomonaga (1906-1979)**, dont les travaux de recherche sur les interactions entre les particules dans un champ électromagnétique et les quarks, bien que développés différemment, aboutissaient aux mêmes résultats. Actuellement, grâce aux fameux diagrammes, les scientifiques n'utilisent plus que le formalisme de Feynman.

Apport de Feynman à l'élaboration de la physique quantique

Dirac avait posé la première pierre de l'électrodynamique quantique dans un contexte restreint. En effet, en ne mettant en jeu l'évolution que d'une seule particule dans un champ électromagnétique, il ne pouvait pas y expliquer les interactions (création ou annihilation) entre plusieurs particules.

L'œuvre de Feynman a consisté à combler cette importante lacune en généralisant les travaux de Dirac. C'est donc bien lui le véritable père de l'électrodynamique quantique, dont les prédictions théoriques se révélèrent d'une précision remarquable (les écarts, dans certains cas, entre les calculs théoriques de Feynman et la réalité expérimentale sont de l'ordre du dix-millionième !).

De plus, il est l'initiateur naturel de la théorie des champs, qui généralise l'électrodynamique quantique à n'importe quel champ. Feynman y apporta une forte contribution théorique, notamment dans le contexte des interactions mettant en jeu les forces faibles et fortes. Rappelons que la théorie qui décrit tous les phénomènes liés aux interactions fortes est appelée « chromodynamique quantique » ou QCD *(Quantum Chromo Dynamics)*.

Par ailleurs, ses recherches ont permis, indirectement, l'unification des forces faible et électromagnétique, appelée « force électrofaible ».

Les travaux de Feynman représentent le point d'orgue de la physique quantique moderne initiée par les trois mousquetaires scientifiques que furent Heisenberg, Schrödinger et Dirac – Feynman en étant le bien digne quatrième.

CONCLUSION

L'infiniment petit

Les événements du monde microscopique ne ressemblent en rien à ceux de notre vie de tous les jours : la discontinuité, la dualité de la lumière, l'indétermination, l'intrication (ou non-localité), la superposition, l'indéterminisme… Ces phénomènes nous sont complètement étrangers car nos raisonnements, basés essentiellement sur une logique cartésienne, notre savoir-faire, sculpté par notre environnement quotidien, et même notre intuition, au sens intellectuel du terme, n'ont aucune prise sur eux. Feynman disait souvent : « Ceux qui disent qu'ils comprennent la physique quantique sont des menteurs, moi-même, je n'y comprends rien ! » Notre incompréhension est cependant contrebalancée par le fait que toutes les recherches effectuées au XXe siècle ont permis l'éclosion d'une première vague d'applications dont nous nous servons au quotidien[5].

L'intrication (ou non-localité) et la superposition sont autant de phénomènes quantiques qui ouvriront certainement la voie, durant le XXIe siècle, à des applications totalement inédites.

Un monde sans temps ni espace

En 1935, on l'a vu, Einstein essaie de démontrer une ultime fois que la physique quantique est une théorie incomplète : c'est l'expérience de pensée EPR. Rappelons que dans ce phénomène d'intrication expliquant le comportement identique et simultané de deux particules au passé commun, Einstein pense que ces parti-

---

5. Voir notre ouvrage *Comprendre Einstein, op. cit.*

cules, pour pouvoir « communiquer » à distance, doivent forcément posséder des « variables cachées » communes ; dans le cas contraire, elles communiqueraient plus vite que la vitesse de la lumière – impossible, pour Einstein !

En 1982, le physicien français **Alain Aspect**, intrigué par ce phénomène, monte une expérience très astucieuse permettant de reproduire matériellement le comportement de deux photons intriqués. Il utilise un mécanisme qui crée ces photons simultanément, à partir d'un seul atome, pour ensuite les envoyer séparément dans deux directions différentes grâce à deux fibres optiques de même longueur ayant à leur extrémité une sorte de miroir semitransparent laissant au photon la possibilité de le traverser ou pas. En heurtant ce miroir, chaque photon intriqué a deux possibilités : soit il rebondit dessus, soit il le traverse. Le « choix » est recensé par ordinateur, pour établir si les deux photons ont simultanément la même réaction lorsqu'ils frappent leur miroir respectif.

Contre toute attente, l'expérience montre que les deux photons intriqués, sans pouvoir théoriquement se « concerter », ont un comportement identique quelle que soit la distance à laquelle se situent les deux miroirs (chacun des deux miroirs étant situé à égale distance de la source émettrice des photons). Le phénomène d'intrication se trouve confirmé de manière éclatante, prouvant que la notion de distance ne semble plus exister pour une paire de photons intriqués, puisque le résultat n'est pas lié à la position géographique des miroirs.

En 2001, les physiciens suisses **Gisin** et **Suarez** montent une expérience plus subtile pour confirmer de façon certaine ce phénomène tout en supprimant la notion de temps. En effet, certains critiques scientifiques avaient observé qu'il était pratiquement impossible de réaliser une expérience avec des photons, qui se déplacent à la vitesse de la lumière, dans un contexte de parfaite simultanéité ; en effet, les miroirs ne sont peut-être pas tout à fait exactement à la même distance de la source d'émission de chacun des photons intriqués, ce qui crée un décalage entre leurs impacts respectifs sur les miroirs – le photon arrivant le premier sur son miroir pourrait avoir le temps d'« avertir » son partenaire intriqué de son choix. Gisin et Suarez reproduisent donc l'expérience d'Aspect avec des miroirs en déplacement l'un par rapport à l'autre. Les miroirs s'éloignent rapidement, chacun dans une direction ; les deux photons intriqués, chacun étant situé dans un référentiel différent, seront tous deux « persuadés », relativité einsteinienne oblige, d'être le premier à effectuer le choix de rebondir sur le miroir ou de le franchir. Cette conviction réciproque et simultanée rend impossible la communication entre les photons. Ici, le temps ne joue aucun rôle, puisqu'il n'est pas même pris en compte.

Tous les scientifiques quantistes attendirent les résultats de cette expérience avec impatience, convaincus cette fois-ci que le phénomène d'intrication ne pouvait pas exister, sous peine de disparition des notions de distance et de temps ! Mais, comme dans l'expérience d'Aspect, le phénomène d'intrication persista bel et bien.

Ces deux expériences ont une portée matérielle et métaphysique considérable : elles démontrent que deux photons intriqués se comportent comme si, ni les distances (phénomène de non-localité pour l'expérience d'Aspect), ni le temps (phénomène de non-temporalité pour celle de Gisin et Suarez) n'existaient. Le sacro-saint principe de causalité, pilier fondamental des lois physiques de notre monde macroscopique, qui stipule que la cause précède toujours le fait, est remis en cause. En effet, la causalité étant forcément tributaire du temps qui s'écoule, elle ne peut exister que si celui-ci existe !

La découverte du phénomène d'intrication montre que le monde de l'infiniment petit est rebelle à toute représentation spatio-temporelle, contrairement au monde perceptible. Ainsi, dans le monde des particules, il arrive que le temps ne soit plus utilisable comme repère de succession des événements.

Einstein, ayant compris ce paradoxe, s'était beaucoup réjoui des travaux de Louis de Broglie grâce auxquels, toute particule pouvant y être « associée » à une onde, cette physique quantique redevenait en quelque sorte « humaine ». En effet, une onde est forcément l'expression d'un phénomène spatio-temporel continu dans lequel les événements qu'elle concerne ne peuvent, temporellement, que s'enchaîner logiquement les uns par rapport aux autres. Le principe de causalité fondamental de notre monde macroscopique était alors rétabli.

De fait, les expériences menées sur le phénomène d'intrication ont bien évidemment, au niveau global, un début et une fin : le temps s'y écoule normalement. Mais, *a contrario*, le phénomène d'intrication, donc de transmission d'informations dans ce contexte quantique particulier, se déroule, théoriquement, sans que le temps s'écoule ! Alors, comment le temps peut-il émerger dans le monde macroscopique puisqu'il ne semble pas toujours exister dans le monde des particules, lesquelles sont pourtant les briques de toute la matière de l'univers ?

L'écoulement du temps

Au cours du XXe siècle, plus les scientifiques ont progressé dans l'étude intime de la matière, plus ils ont découvert de phénomènes se déroulant de façon discontinue. On peut donc penser qu'il n'y a aucune raison pour que le temps lui-même échappe à cette règle. De même qu'un rayon lumineux se propage de façon discontinue, il n'est pas absurde de penser que le temps puisse s'écouler par « quantum de temps » !

On peut même jouer avec l'idée vertigineuse que, entre deux « quanta de temps », le temps n'existe pas. Le temps ne s'écoulerait-il alors que de temps en temps ? ! L'hypothèse n'est pas totalement farfelue : elle expliquerait partiellement le phénomène d'intrication. Le temps lui-même serait de nature quantique, s'écoulant de façon granulaire !

Mieux encore, grâce à la théorie sur la relativité générale, nous savons que l'univers a commencé par une singularité au sens mathématique du terme : le fameux Big Bang. Avant celui-ci, par définition, l'univers n'existait pas ; comme l'espace et le temps sont imbriqués, le temps ne pouvait pas exister non plus. Ainsi, d'un temps divin immuable, s'écoulant éternellement, nous passons à un temps ayant eu un commencement. Voilà un autre séisme intellectuel considérable !

La superposition quantique

Conséquence d'un postulat mathématique de la physique quantique, la superposition est l'un des phénomènes les plus étonnants du monde microscopique. Il stipule qu'une particule, à un instant donné, peut, pour chacune de ses caractéristiques physiques (position géographique, spin, quantité de mouvement…), avoir plusieurs valeurs différentes, donc être dans plusieurs états différents.

Si, par exemple, on considère la position d'un électron dans un atome, il peut être, à un instant t, à plusieurs endroits distincts : il est là, ou ailleurs, par rapport au noyau, suivant une certaine probabilité.

Ce phénomène quantique sans équivalent dans le monde macroscopique est très difficile à interpréter. Dans le monde de l'infiniment petit, ce n'est que lorsque nous effectuons une mesure sur une particule que nous savons matériellement où elle se situe. C'est pour cela que la notion d'orbite dans un atome a disparu pour être remplacée, vers 1925, par une sorte de nuage virtuel d'électrons centré sur le noyau de l'atome. Ce nuage représente une zone plus ou moins grande regroupant les multiples endroits où est censé être le même électron, d'après telle ou telle probabilité (il est évident que les orbites de Bohr représentent les endroits géographiques où la probabilité de trouver un ou des électrons est la plus élevée).

La superposition quantique est la conséquence directe du fait que nous pouvons, grâce à Louis de Broglie, associer à une particule une onde ou, mieux encore, un paquet d'ondes (Schrödinger l'a démontré avec sa fonction d'onde) représentant la superposition des ondes d'un électron, révélant tous les mouvements potentiels de celui-ci. C'est uniquement lorsqu'on effectue une mesure pour observer un électron que ce paquet d'ondes se réduit à une seule onde. À cet instant précis, on peut connaître la position géographique exacte de l'électron par rapport au noyau de l'atome. Ainsi, avant toute mesure, un objet quantique ne revêt aucune réalité physique ; il est l'incarnation d'un formalisme mathématique probabiliste, essentiellement prédictif.

La décohérence quantique

Récemment, le phénomène de la « décohérence quantique » a permis de comprendre pourquoi une mesure effectuée sur des éléments du monde microscopique est responsable de la réduction du paquet d'ondes dans le contexte d'une superposition quantique. Plus généralement, elle permet d'expliquer pourquoi et comment s'effectue le passage du monde microscopique au nôtre, macroscopique.

Historiquement, l'idée d'un possible phénomène de décohérence est née avec la fameuse expérience de pensée du « chat de Schrödinger », qui pouvait être à la fois vivant et mort. Cette expérience avait pour seul objectif de démontrer que, dans certains cas, la physique quantique n'a aucun sens : elle implique certaines situations irréalistes dans le monde macroscopique. C'est pourquoi les scientifiques se demandent depuis lors par quel sortilège les événements de l'infiniment petit ne se reproduisent pas dans notre monde. De fait, toute matière, y compris notre corps, est bâtie sur les mêmes particules, les mêmes atomes. Malgré cette similitude, ils soupçonnent que notre monde et celui de l'infiniment petit n'obéissent pas aux mêmes lois – quel paradoxe !

Parmi les premières expériences scientifiques tentant de donner une explication logique au passage du monde microscopique au nôtre, la plus sérieuse a consisté à dire que, dans le contexte d'une mesure, l'intrusion de notre environnement (via des photons ou autres phénomènes) sur le microscopique se traduit par des perturbations physiques faisant peu à peu naître des variations dans les phases de la fonction d'onde de Schrödinger ; la cohérence de phase initiale de celle-ci se détériore progressivement pour devenir *in fine* inexistante, aboutissant à la fameuse réduction du paquet d'ondes, d'où le terme de « décohérence ».

C'est le physicien français **Serge Haroche** et son équipe qui, en 2007, à l'École nationale supérieure de Paris, ont réussi l'exploit de reproduire matériellement en laboratoire le phénomène de la décohérence, démontrant sa réalité physique. Il leur a fallu pour cela plus de quatorze ans d'ingéniosité et de persévérance.

La première étape a consisté à capturer, sans le détruire, un seul photon. Pour cela, Haroche a utilisé une boîte métallique fermée et blindée aux parois épaisses (pour éviter tout rayonnement parasite) appelée « cavité », dotée d'un fort pouvoir réfléchissant (grâce à un vernis en niobium, métal rare, supraconducteur à très basse température) et refroidie à -272,3 °C.

Pour détecter un photon provenant des atomes du niobium, et malgré le peu d'énergie thermique existant du fait de la très basse température ambiante, il suffit d'injecter dans la cavité, à intervalles réguliers, des atomes. Ces derniers ne vont pas absorber le photon (ils le détruiraient) mais simplement le frôler (une sorte de « léger coup d'épaule »). Cela ralentit pour un très court instant l'électron situé sur l'orbite la plus externe de l'atome (en fait, il est décalé d'un demi-tour). Si l'atome ne « bouscule » aucun photon, il ressort intact de la cavité, on lui donne alors la valeur 0 ; dans le cas contraire (électron décalé), on lui donne la valeur 1. Le résultat positif de cette première étape a été une première mondiale, puisque l'expérience démontre que, en plus de détecter la présence d'un photon captif, nous pouvons, dans notre environnement terrestre, le suivre sans le détruire (certes pas très longtemps : environ une demi-seconde dans le meilleur cas !). En suivant le même protocole, la deuxième étape a permis de capturer dans la cavité non pas un, mais plusieurs photons, mis en état de superposition. La troisième étape a consisté à « voir », en temps réel, grâce à des atomes injectés régulièrement dans la cavité, le phénomène de décohérence se dérouler, c'est-à-dire le passage progressif d'un état de plusieurs photons superposés à celui d'un seul photon.

Comme nous sommes dans un contexte probabiliste, à sa sortie de la cavité, un atome ne « révélera » pas, par exemple : « J'ai détecté quatre photons », il « signalera » plutôt : « Dans le cas de la plus forte probabilité, j'ai détecté six photons, dans celui de la moins forte probabilité, j'ai détecté deux photons. » Au fur et à mesure des injections d'atomes dans la cavité, cette probabilité va s'affiner, étant liée à une perturbation croissante des photons (dans un état superposé) par les atomes qui les « bousculent ». On peut alors mener à son terme (en 26 millisecondes) le phénomène de décohérence. Alors seulement, comme le montre la figure suivante, les atomes pourront « révéler » que dans la cavité, il ne reste plus qu'un seul photon (état 3).

La décohérence visionnée en temps réel

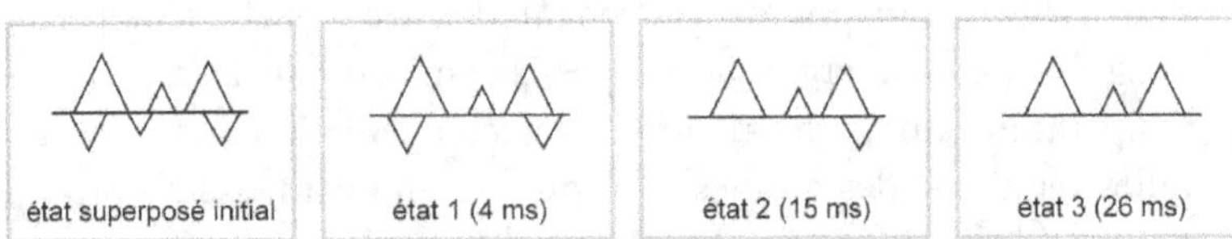

Le monde macroscopique est représenté symboliquement au-dessus du trait, le monde microscopique au-dessous.

Il est évident que Haroche n'a pu observer le phénomène de décohérence qu'au ralenti (de l'ordre de la milliseconde), grâce à l'existence d'un froid extrême. Dans la réalité, ce phénomène se déroule très rapidement, de l'ordre de 10^{-12} à 10^{-30} secondes, suivant les objets quantiques en état de superposition (particule plus ou moins grosse), de l'environnement (vide spatial atmosphérique, vide pouvant exister dans un laboratoire…) et, bien entendu, du nombre de photons impliqués.

Cette expérience, qui dévoile le déroulement du phénomène de décohérence, est d'une importance capitale. En effet, elle démontre comment une mesure effectuée sur des particules d'un système quantique déstabilise profondément et durablement celui-ci, empêchant les événements qui s'y passent de se transmettre dans notre monde. Plus largement, elle nous fait comprendre pourquoi les lois régissant le monde microscopique ne peuvent pas être les mêmes que celles du monde macroscopique.

Si Einstein et Bohr avaient pu réaliser l'expérience de Haroche, la plupart de leurs désaccords auraient disparu !

Nouvelles applications quantiques

Depuis sa naissance, en 1900, la physique quantique n'a cessé de se développer pour devenir la source la plus importante d'applications, industrielles ou autres[6], conçues d'après son premier principe, la discontinuité, qui reflète la quantification (sous forme de quanta) des différents niveaux d'énergie d'un électron dans un atome. En voici quelques exemples représentatifs.

Einstein, en 1916, en s'appuyant sur les travaux de Bohr, découvre le concept de base du laser et du micro-ondes. En 1925, grâce à un chercheur indien, il démontre l'existence d'un cinquième état de la matière. À partir du milieu des années 1930, après avoir étudié la structure générale de l'atome, les scientifiques s'intéressent de plus en plus à la composition de son noyau. Ils comprennent alors où se cache la colossale énergie induite par la formule $\mathbf{E = mc^2}$. La découverte de la fission par Lise Meitner en 1938 est à l'origine de la construction de la première bombe atomique et des centrales nucléaires.

Les applications à naître au xxie siècle s'appuieront sur les phénomènes quantiques les plus déroutants : intrication, états superposés, décohérence. Actuellement, des dizaines de laboratoires et de petites sociétés développent des applications inédites qui trouveront leur place sur le marché dans les prochaines décennies. Les plus nombreuses concernent, au sens large du terme, l'information quantique : la téléportation quantique, la cryptographie quantique, les ordinateurs quantiques. Ces applications permettront la réalisation de composants électroniques d'un nouveau type et d'une nouvelle génération d'ordinateurs plus rapides et plus compacts ; l'élaboration d'algorithmes et de logiciels informatiques d'un

---

6. Voir notre ouvrage *Comprendre Einstein*, *op. cit.*

nouveau genre, l'utilisation dans les réseaux de logiciels permettant des transferts inviolables de données… Une révolution « pratique » de la physique quantique !

De la téléportation à la cryptographie quantique

Paradoxalement, le phénomène d'intrication, l'un des plus étranges de la physique quantique, découvert par Einstein, est la source d'une technologie quantique très prometteuse : la « téléportation ». Attention : ce protocole ne permet pas de transporter des données dans un réseau informatique, mais de communiquer l'état quantique d'une particule (par exemple, l'état de son spin pour l'électron) en utilisant le phénomène d'intrication quantique. Comme une téléportation qui transporterait l'esprit et non le corps !

Ainsi, la « cryptographie quantique », en associant la téléportation à l'intrication, permet de crypter toute donnée confidentielle circulant dans les réseaux, minimisant les risques d'utilisation malveillante. De nombreux protocoles de cryptage quantiques utilisent, via l'intrication, un échange de photons, dont certains états sont contrôlés afin de vérifier l'existence d'une intrusion étrangère : toute tentative d'ingérence dans un système quantique perturbe les états quantiques des photons utilisés dans la téléportation, puisqu'une mesure crée un effondrement de la fonction d'onde. Depuis presque dix ans, des expériences sont menées dans ce domaine, portant surtout sur la transmission de photons à distance : les scientifiques sont passés de quelques mètres à des dizaines de kilomètres avec une fiabilité raisonnable. Les premières applications industrielles sérieuses devraient voir le jour dans les années 2020.

De la superposition à l'ordinateur quantique

En 1981, Feynman a une intuition géniale : grâce aux lois régissant le monde quantique, et plus particulièrement celle de la superposition, on doit pouvoir construire des ordinateurs quantiques.

Dans un ordinateur classique, l'unité technologique de base manipulée est le bit *(binary digital)*, qui ne peut prendre que deux valeurs, 0 ou 1, suivant que passe ou non un courant électrique. La physique quantique offre un phénomène analogue, grâce au spin d'un électron qui, dans sa « rotation cinétique », peut prendre deux positions, « haut » et « bas », équivalents aux 0 et 1 du bit classique. Mais en plus, cet électron rend possible, grâce au phénomène de superposition, un troisième état : il peut aussi être dans un état superposé « 0 et 1 », c'est-à-dire sur deux orbites à la fois. Aussi, l'équivalent du bit dans un ordinateur quantique, appelé « qubit » *(quantum bit)*, peut prendre trois valeurs : 0, 1 et « 0 et 1 ». Cela change tout et fait fantasmer les informaticiens : l'utilisation des qubits pourrait être à l'origine d'un calcul quantique basé sur une sorte de parallélisme massif, accroissant de façon exponentielle les capacités de calcul d'un ordinateur.

En effet, dans les ordinateurs classiques, tout caractère est représenté par 8 bits, soit un octet, ce qui ne laisse qu'une seule possibilité parmi les 2^8 ou 128 combinaisons disponibles. Mais 8 qubits en état de superposition doivent pouvoir représenter 2^8, ou 128, possibilités *simultanées*. Cela permet théoriquement, grâce à de nouveaux algorithmes informatiques, de manipuler des qubits pour effectuer des calculs à des vitesses considérables : un temps de calcul de plusieurs centaines d'heures sur un ordinateur classique pourrait être réduit à quelques minutes, voire à quelques secondes, sur un ordinateur quantique ! Et particulièrement pour des calculs de factorisation, qui consistent à décomposer un nombre entier en un produit de nombres premiers. Cette qualité des ordinateurs quantiques est très utilisée dans les algorithmes informatiques classiques liés à la cryptographie.

Par ailleurs, les ordinateurs quantiques seront dotés d'une compacité sans équivalent actuellement, notamment au niveau de toutes leurs mémoires : l'unité technologique de base manipulée est l'électron (pour un seul bit implanté dans une mémoire d'ordinateur, il faut utiliser entre cent mille et un million d'électrons !).

Malgré le travail acharné de très nombreux laboratoires, nous sommes encore loin de pouvoir construire ces ordinateurs quantiques. À ce jour, la percée technologique la plus importante est la fabrication d'une puce électronique quantique en silicium, d'une surface de 1 mm^2, dotée de seulement 4 qubits ! Par ailleurs, les scientifiques vont rapidement se heurter à des problèmes de décohérence pouvant réduire à néant tous leurs efforts. En voici deux exemples :

- Les ordinateurs quantiques devenant de plus en plus puissants, leurs composants électroniques, notamment les puces, vont gagner en volume (puisque possédant de plus en plus de qubits) et s'accroître en nombre. Ce phénomène inflationniste va faire passer ces composants du microscopique au macroscopique, et donc forcément entraîner des phénomènes de décohérence, réduisant les qubits à de vulgaires bits.

- La durée des calculs en mémoire centrale va inéluctablement augmenter, ce qui rendra de plus en plus difficile le maintien d'un électron dans un état quantique déterminé. En effet, le moindre photon provenant de l'extérieur sera susceptible de provoquer un phénomène de décohérence, donc de changer l'état de cet électron.

Actuellement, seules la téléportation et la cryptographie quantiques laissent entrevoir, dans un avenir relativement proche, des applications industrielles sérieuses. L'ordinateur quantique n'est donc pas pour demain ; il arrivera peut-être dans quelques décennies, grâce à la découverte de technologies encore inconnues.

Le « modèle standard »

Toutes les recherches fondamentales (liées à la théorie quantique des champs) et les résultats expérimentaux acquis grâce aux accélérateurs de particules ont permis, au début des années 1960, la création du « modèle standard », dont l'objectif était d'une part de décrire les particules élémentaires de la matière et d'autre part d'expliquer les forces qui les lient. La nécessité de ce modèle est devenue évidente en 1964, quand Gell-Mann, en même temps que Feynman, a émis l'hypothèse que chaque proton pouvait être formé de trois quarks.

Depuis cinquante ans, grâce à la contribution de dizaines de théoriciens (dont Feynman) et d'expérimentateurs, le modèle standard a constamment évolué pour devenir un outil théorique incontournable, essentiellement prédictif, alimenté par la prévision théorique de la découverte de nouvelles particules qui, une fois validées par l'expérience, ont permis aux chercheurs d'émettre d'autres prévisions quant à l'existence d'autres particules. Les centaines de particules prévues par le modèle standard depuis sa création ont toujours été confirmées par l'expérience dès que l'amélioration des accélérateurs de particules l'a rendu possible.

Le plus puissant accélérateur conçu à ce jour a pour objectif essentiel la découverte du boson de Higgs, la « particule de Dieu », qui permet à toute matière de posséder une masse ; prévu en 1963 par le physicien anglais du même nom, son existence, à ce jour, n'a pas été confirmée. Les scientifiques considèrent cette particule comme la clé de voûte du modèle standard, qui perdrait sans elle beaucoup de son intérêt. Sa découverte est donc attendue avec impatience !

Boson de Higgs, clé de voûte du Modèle Standard

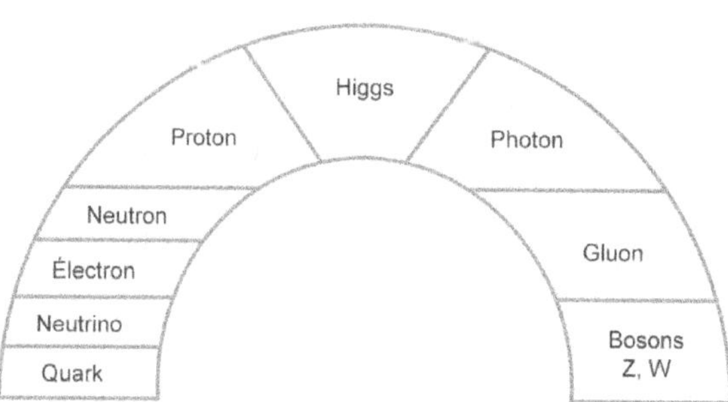

Si, depuis presque cinquante ans, ce modèle a parfaitement rempli son rôle, il semblerait que ses limites soient aujourd'hui atteintes :

* il n'arrive pas à réconcilier la relativité générale d'Einstein de l'infiniment grand, qui nous permet de comprendre ce qui se passe dans l'univers, avec la physique quantique ;
* en conséquence, il n'intègre pas la force gravitationnelle, ce qui empêche de développer une « théorie du tout » qui impliquerait à la fois l'unification des quatre forces et l'utilisation conjointe de la constante de Planck *(h)*, de la vitesse de la lumière *(c)* et de la constante gravitationnelle de Newton *(G)* ;
* il ne permet pas d'expliquer la disparition de l'antimatière, certainement due à une asymétrie entre une particule et son antiparticule ;
* de ce fait, on ignore les différences qui existent entre celles-ci ;
* il ne se vérifie parfaitement qu'au-dessous d'un certain seuil énergétique de l'ordre de 1 téraélectron-volt (un téra = 10^{12}). Au-dessus, les équations mathématiques utilisées deviennent très instables, divergeant souvent vers des infinis. Il faudra donc les reformuler dans le contexte dit « des hautes énergies ».

Les scientifiques espèrent que les résultats des expériences effectuées dans le contexte du LHC (voir ci-dessous) leur permettront de faire évoluer le modèle standard, qui comporte actuellement 12 particules de base : les fermions (l'électron, le neutrino, les quarks, constituants du proton, le neutron) et les bosons (le photon, responsable de la force électromagnétique) ; les gluons, responsables de la force forte ; W et Z, responsables de la force faible ; le graviton, responsable de la force gravitationnelle ; le boson de Higgs, responsable de la masse de toutes les particules.

Le LHC : un outil formidable

Le Large Hadron Collider a été construit dans le canton de Genève par le CERN (Organisation européenne pour la recherche nucléaire) à cent mètres sous terre. Cet accélérateur de particules de forme circulaire et de vingt-sept kilomètres de circonférence est à ce jour l'outil le plus grand et le plus complexe construit par l'homme, mais aussi le plus cher (quatre milliards d'euros). Sa construction a nécessité, de 1998 à 2008, la collaboration de huit mille personnes, du manœuvre au chercheur fondamental, issues de quatre-vingts pays.

Il permet de créer des chocs frontaux (*collider* : « collisionneur ») entre deux faisceaux de protons circulant en sens inverse à une vitesse très proche de celle de la lumière. Chaque faisceau peut être composé de trois mille paquets, chacun d'entre eux possédant cent milliards de protons de la famille des hadrons (« H »), particules non élémentaires (comme le neutrino) composées de plusieurs quarks qui ne provoqueront que six cent millions de collisions par seconde (la matière est essentiellement faite de vide). Chaque collision dégage une énergie colossale de 14 téraélectron-volts. Par comparaison, le deuxième plus grand accélérateur du monde, construit aux États-Unis en 1983, ne génère que 2 téraélectron-volts par collision !

Rappelons que le LHC a été construit avec l'objectif majeur de démontrer l'existence du boson de Higgs. Dans les prochaines années, l'analyse des particules provenant des collisions entre les paquets de protons permettra aux scientifiques de savoir s'ils ont eu raison de le construire. Le LHC apparaît comme l'outil salvateur qui doit faire évoluer le modèle standard ou même permettre de découvrir d'autres lois physiques quantiques. On attend donc de lui, hormis la découverte du boson de Higgs :

- la découverte de nouvelles particules ;
- la preuve de l'existence de la supersymétrie (« Suzy ») : théorie née au début des années 1960 qui stipule notamment que toute particule est associée à une autre particule encore inconnue à ce jour (ce qui doublerait le nombre actuel de particules élémentaires) ;
- la preuve de l'existence d'autres dimensions ;

- une meilleure compréhension du Big Bang dont le LHC recrée chaque seconde, pour chaque collision entre deux paquets de protons, les conditions initiales de température de plusieurs milliards de degrés ;
- l'explication de la disparition presque totale des antiparticules, donc de l'antimatière ;
- la découverte des particules constituant la « matière noire », invisible actuellement, mais qui semble représenter 90 % de la masse de l'univers ;
- la cause de l'actuelle expansion accélérée de l'univers.

Des réponses à ces questions permettraient de découvrir une nouvelle physique, actuellement imprévisible par le modèle standard, nous faisant ainsi réfléchir différemment sur notre univers. Un échec serait une véritable catastrophe, un cul-de-sac d'où la physique aurait beaucoup de mal à se sortir ! Ainsi, l'inexistence du boson de Higgs mettrait en tort pour la première fois une prévision du modèle standard, le rendant du même coup complètement caduc en prouvant que certaines de ses équations mathématiques sont erronées. Il règne donc actuellement la plus grande incertitude quant aux résultats des collisions entre paquets de protons.

Le LHC est né du désir humain compulsif de progresser dans la quête de la connaissance universelle. Ce désir sera en partie exaucé quand les mondes de l'infiniment petit et de l'infiniment grand seront réunis, confondus dans une même théorie physique (la fameuse « théorie du Tout »). Nous pourrons alors repenser à Planck, Einstein, Bohr, Heisenberg, Schrödinger, Dirac, Feynman et quelques autres, qui nous ont tant aidés à comprendre le monde microscopique à partir duquel s'est créée la matière de l'univers.

INDEX DES PERSONNES

INDEX DES NOTIONS

Dans la même collection